Stempel

Das kleine Solar-Werkbuch

Do it yourself

Ulrich E. Stempel

Das kleine
Solar-Werkbuch

2. verbesserte Auflage

Solartechnik durch Experimente
begreifen und kreativ nutzen

Mobile Solarsysteme für Haus und Garten
Solarladegeräte mit Ladeüberwachung
Audiogeräte mit Solarstrom betreiben
Solarventilator und Solarpumpe
Solarzellen – Experimentierbrett

Mit 117 Abbildungen

FRANZIS

Bibliografische Information Der Deutschen Bibliothek

Die Deutsche Bibliothek verzeichnet diese Publikation in der Deutschen Nationalbibliografie; detaillierte Daten sind im Internet über **http://dnb.ddb.de** abrufbar

© **2005 Franzis Verlag GmbH, 85586 Poing**

Satz: Fotosatz Pfeifer, 82166 Gräfelfing
art & design: www.ideehoch2.de
Druck: Legoprint S.p.A., Lavis (Italia)
Printed in Italy

ISBN 3-7723-**4375-9**

Vorwort

Am meisten Freude und Befriedigung empfinde ich beim Basteln immer dann, wenn irgend etwas, das von anderen weggeworfen wird, nutzlos erscheint und in den Müll wandern soll, obwohl es wieder verwendet werden kann und dadurch für die Bastelei ein wertvolles und nützliches Teil wird.

Abgesehen davon, dass es Geld spart, Ressourcen schont und die Müllmenge dadurch reduziert wird, hat es auch was mit Respekt und Achtung vor der Materie und damit unserer Umwelt zu tun.

Etwas wieder zu reparieren und damit weiter nutzen zu können, geht in die gleiche Richtung

Viele meiner Basteleien wurden dadurch befruchtet!

Es ist eine verbindende Resonanz, die da schwingt. Es bedeutet – kein Bekämpfen der Wegwerfgesellschaft sondern eine Unterstützung der Gesellschaft, welche die Welt liebt .

Andererseits ist es auch kein Dogma für mich, jetzt nur Müll verwenden zu müssen.

Auf der Suche nach realisierbaren Konzepten behelfe ich mir so auch immer wieder z.B. mit Restposten. Teile die einmal für einen bestimmten Zweck produziert wurden, die dann aber nicht zur Ausführung kamen oder sich nicht verkauften.

Auch da ist diese oben erwähnte Freude wieder da.

Daher sind die in diesem Büchlein aufgeführten Themen und Bastelwerke oft eine Mischung aus Weggeworfenem, Wiedergefundenem, Restposten und ein wenig Luxus (neuen Teilen).

Manche denken, damit etwas gut funktioniert, muss es total aufwendig sein, so nach dem Motto viel hilft viel.

Meine Philosophie ist eher, das richtige Teil sparsam am richtigen Platz zu verwenden – und auch, je weniger Teile zur Verwendung kommen, desto weniger können kaputt gehen.

Es gibt 7 Themenschwerpunkte

1. Zustandsanzeigen für solare Ladeeinrichtungen preiswert selbst gebastelt
2. Allerlei Taschenlampen. Direkt solar geladene und andere, die an der „grossen" Solar- oder Windanlage geladen werden können
3. Solare Direktladegeräte für kleine Akkus
4. Solare Ladestationen „Im Koffer und für die Reise"
5. Solare Audiostromversorgung
6. Zubehörteile und Extras
7. Solaranwendungen im Direktbetrieb

Dieses Buch versteht sich bildlich gesprochen als Werkzeugkasten, in dem es Werkzeuge wie einfache Ladeüberwachungssysteme, Ladeeinrichtungen, Anregungen und Beispiele gibt. Beispiele, wie die Werkzeuge anzuwenden sind und damit ein eigenes, neues Produkt zu schaffen ist. Die vorgestellten Schaltungen lassen sich auch in vielen Kombinationen verwenden.

Was ich mir wünsche, ist, dass jeder für sich und nach seinen eigenen Bedürfnissen und Möglichkeiten diese Werkzeuge nutzt und seine ganz eigene Kreation daraus entstehen lässt.

So z.B. seine ganz eigene Taschenlampe oder seine ganz eigene mobile Solarstation entwickelt. Oft ergibt sich dies schon aus den zur Verfügung stehenden Komponenten.

In meinen Vorträgen und Workshops über regenerative Energien kam immer wieder der Einwand – Solarenergieversorgung sei nur was für den Hauseigentümer wegen der ganzen Installationen usw. Ich hatte dann angefangen, Konzepte zu entwickeln, um die Solarversorgung in meiner Mietwohnung zu realisieren.

Zuerst kam ein kleines Solarpaneel am Fensterbrett, zum Laden von Akkus und dann hat es sich immer weiter ausgebreitet. Zuletzt wurde die ganze Wohnungsbeleuchtung und im Sommer auch der Kühlschrank damit versorgt.

Auch die ganzen Kleingeräte wie Anrufbeantworter, drahtloses Telefon usw. arbeiten mit Niederspannung und werden über ein Steckernetzteil betrieben. Wenn ihr an das Gehäuse des Steckernetzteiles fasst, ist es warm, d.h. durch die Energieumwandlung

von 230 V auf den Niederspannungsbereich entsteht Wärme. Die Trafosteckernetzteile verbrauchen so im Jahr ca. 20 – 30 kWh ohne dass diese Energie genutzt wird. Habt ihr eine Solar- oder Windanlage lohnt es sich, all diese Geräte direkt mit Niederspannung zu versorgen.

Selbst in einer Mietwohnung könnt ihr mit einer ganz einfachen Solarversogung anfangen, z.B. mit der in diesem Buch beschriebenen regelbaren Spannungs-/Stromquelle und einem – aussen an Fensternähe angebrachten Solarpaneel – oder einfach damit die immer wieder benötigten Kleinakkus zu laden.

Uli Stempel

Ausstattungsvoraus-setzungen

Was sind die Grundvoraussetzungen für die Solarbasteleien? Grundsätzlich braucht ihr dazu relativ wenig. Jeder Mensch, ob weiblich oder männlich, der Lust dazu hat, kann es angehen. Durch die kleinen Spannungen und Ströme ist es auch nicht gefährlich, sollte mal was falsch gepolt sein, d.h. Plus – oder Minuspol verwechselt werden, passiert nicht viel – das Ganze funktioniert halt nicht. Schlimmstenfalls geht ein Elektronikbauteil dabei kaputt – das kann aber wieder leicht ersetzt werden. Trotzdem sollte darauf geachtet werden, dass sich die Drähtchen der unterschiedlichen Polaritäten nicht berühren um die Funktion nicht zu gefährden. Die Schaltungen sind einfach gehalten und damit auch leicht nachzuvollziehen, wenn es dann nicht gleich funktioniert, ist zuerst einmal alles abklemmen, eine Pause machen und dann mit neuer Lust und Geduld wieder daran gehen. Die verwendeten Teile sind meist sehr preiswert und Allerweltsteile, die leicht zu beschaffen sind (siehe auch im Anhang – Liefernachweise). Alles was in diesem Buch aufgeführt wird, habe ich selbst gebaut und in zahlreichen Fällen erprobt und optimiert.

1.1 Grundausstattung an Werkzeugen

Lötkolben mit mind. 20 W bis max. 30 W und einer schmalen Spitze, am besten mit einer Dauerlötspitze – Kupferlötspitzen korrodieren sehr schnell.

Feinlötzinn – Elektronik – Lötzinn mit mindestens 60% Zinnanteil.

Kein zusätzliches Lötflussmittel und Lötwasser verwenden, das führt zu schlechten Kontakten (kalte Lötstelle)

Kleiner Seitenschneider

Einfaches Digitalmessgerät (gibt's schon ab 15 DM)

Bohrmaschine, gut mit Bohrständer, muss aber nicht sein

Bohrer von 1,5 mm bis 10 mm

Allerlei Schraubendreher

Flachzange

Metallsäge mit feinem Sägeblatt oder eine Stichsäge mit verschiedenen Sägeblättern ist ganz prima

Ein Schraubstock ist klasse z.B. um Metallteile zu biegen

Dritte Hand, mit schwerem Standfuss und Klemmen zum Halten von Solarzellen, Drähtchen und kleinen Bauteilen

Regelbare Spannungs – und Stromquelle (hier im Buch als Bauplan) oder ein Labornetzgerät

Bastelkiste mit Teilen vom Sperrmüll, alten Radios, Fernseher, Bleche von Waschmaschine und Antennenteile usw.

1.2 Umgang mit dem Lötkolben

Wenn der Lötkolben heiß ist und auch immer wieder zwischendurch beim Löten sollte die Lötspitze mit einem weichen Baumwolltuch abgewischt werden – ich mache das mit einem alten Taschentuch – wische ganz kurz darüber, so ist die Spitze sauber.

Dann etwas Lötzinn an die Spitze am besten mit silberhaltigem Lötdraht Sn95 Ag3 oder auch umweltfreundlichem Lötdraht wie z.B. Sn 60 Pb32 Cu2, es gehen aber auch andere Lötdrähte, mindestens jedoch Elektronikzinn Sn60 Pb d.h. mit wenigstens 60% Zinnanteil! Gut ist es, einen dünnen Lötdraht d.h. mit 0,8 mm bis 1,0 mm Durchmesser zu verwenden, es lötet sich damit leichter.

Die Lötdrähte haben eine Kolophoniumseele, die zugleich als Flussmittel dient, also brauchen wir kein weiteres Flussmittel mehr.

Beim Löten ist es gut, zugleich Bauteiledraht oder Kabel, Leiterbahn und Lötzinn zu berühren und zwar so, daß sich auf der einen Seite der Lötkolben, in der Mitte der Bauteiledraht und auf der anderen Seite der Lötdraht befindet und das ganze möglichst zügig. Wenn das Lötzinn schmilzt, kann der Lötdraht entfernt werden und solange weiter gelötet werden bis das Lot an der Lötstelle gut verlaufen ist (in der Regel 1-2 sec.). Während des Lötvorganges das zu lötende Teil still halten – d.h. nicht wackeln und zwar so lange bis das Lötzinn erkaltet ist – sonst gibt es keinen guten Kontakt. Eine gute Lötstelle glänzt und eine Schlechte ist matt.

Solarzellen und Halbleiter sind besonders empfindlich, auch was die Hitze anbelangt und sollten nicht mehr als max. 5 sec. gelötet werden, sonst sind sie hin! Ist die Lötstelle auf Anhieb nicht gelungen – etwas warten – und dann nochmals löten.

Bei Dioden und Transistoren ist auch darauf zu achten, dass die Lötstellen nicht zu dicht am Bauteil sind, d.h. dass die Anschlussdrähte wenigstens einen halben cm lang sind.

1.3 Messen an der Solarzelle

Für Messungen an der Rohsolarzelle, d.h. ohne Abdeckung und Gehäuse ist es vorteilhaft, eine leitende Platte, am besten eine Kupferplatte (z.B. die Kupferseite einer Pertinaxplatte), eine Messingplatte oder zur Not auch ein Stück Alufolie als Messanschluss für den Pluspol (unten an der Solarzelle) zu benutzen. Die Solarzelle kann dann einfach darauf gelegt werden und mit der anderen Messspitze am oberen Minuspol gemessen werden. Ansonsten ist es etwas umständlich, beide Pole gleichzeitig zu messen, da ja die Solarzelle bei der Messung zu dem noch vom Sonnenlicht beschienen werden sollte.

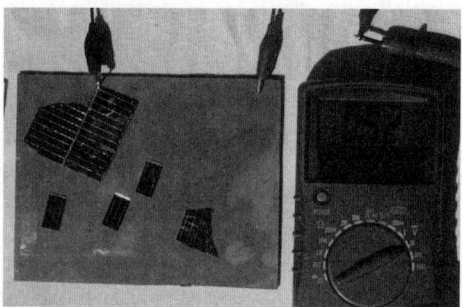

Abb. 1.3.1 Messen von Solarzellen

1.4 Prüfen von gebrauchten Dioden und Transistoren

Gerade bei Teilen aus der Bastelkiste ist es sinnvoll, vor dem Einbau die Funktionstüchtigkeit zu prüfen. Bei neu gekauften Teilen ist dies nicht notwendig. Die meisten Digitalmultimeter besitzen eine Prüfmöglichkeit zum Abprüfen von Dioden und eine Steckfassung für Transistoren – es geht aber auch ganz einfach – mit jedem Messinstrument im Bereich Durchgangsprüfung bzw. im Messbereich KOhm.

Auch bei der Prüfung sind die Grenzwerte der Halbleiter zu beachten!

Mit dem Durchgangsprüfer messen wir die Diode in der Sperrrichtung und in der Durchlassrichtung. Wie die Namen schon sagen, sperrt die Diode in der einen Richtung und in der anderen leitet sie.

Wenn in der Sperrichtung ein Wert angezeigt wird, ist die Diode kaputt

Transistorprüfung:
Der Transistor ist im Prinzip wie zwei Dioden aufgebaut , wir sollten nur wissen, ob es sich um einen sog. PNP (pos. neg. pos.) Typen oder um einen NPN (neg. pos. neg.) Typen handelt. Dann können wir auch hier die Durchgangsprüfmethode anwenden. Zunehmend werden in neueren Geräten nur noch NPN Transistoren verwendet.

Beim Umpolen d.h.. Basis des NPN an Minuspol und Kollektor/Emitter an Pluspol – muss die Anzeige unendlich anzeigen, da dies die Sperrrichtung wie bei der Diode ist. Das gleiche gilt quasi spiegelverkehrt für den PNP Typ.

Treffen beide Messungen für den Transistor zu, so ist er in Ordnung.

Wer öfters Transistoren prüfen möchte, für den lohnt es sich, ein einfaches Prüfgerät für

Diodenprüfung:

Sperrichtung:
Lampe ist dunkel

Durchgangsrichtung:
Lampe brennt

Birnchen (z.B. 3 V) darf nicht mehr Strom brauchen, als Diode aushält, d.h. für eine 100mA Diode wie z.B. die 1N 4148 darf die Stromangabe des Birnchens nicht mehr als 0,07 A sein.

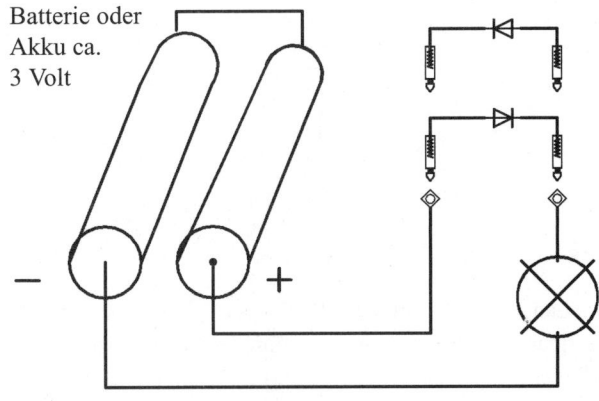

Batterie oder
Akku ca.
3 Volt

– +

Abb. 1.4.1 Diodenprüfung

Analoges oder digitales Messinstrument mit Messbereich KOhm

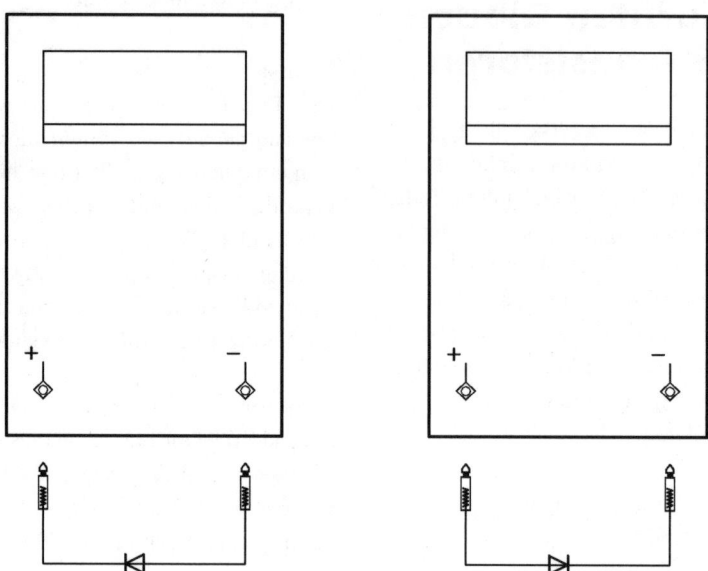

Sperrichtung: Anzeige unendlich   Durchlassrichtung: Anzeige z.B. 300-500 KOhm

Abb. 1.4.2 Diodenprüfung mit Messinstrument

Transistorprüfung:

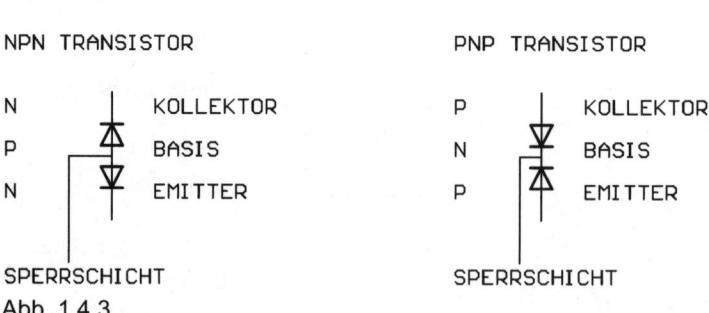

Abb. 1.4.3

wenig Geld als Bausatz vom Elektronikhandel zu kaufen. Mit dem im Bild gezeigten können Dioden und Transistoren geprüft werden und es zeigt auch durch Leuchtdioden an, ob der Transistor in Ordnung ist und ob es

sich um eine PNP oder NPN Type handelt (Liefernachweis Conrad – Electronic).

Analoges oder digitales Messinstrument mit Messbereich KOhm

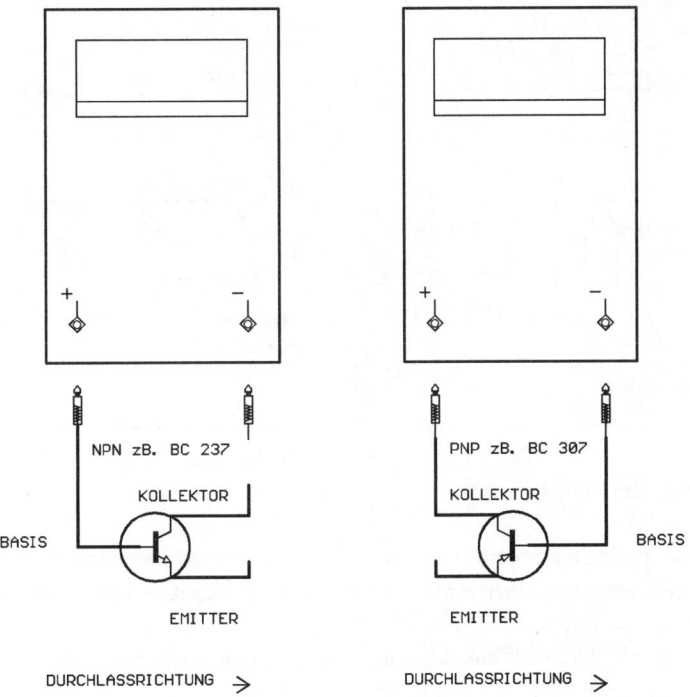

NPN zB. BC 237

KOLLEKTOR

BASIS

EMITTER

DURCHLASSRICHTUNG ➔

PNP zB. BC 307

KOLLEKTOR

BASIS

EMITTER

DURCHLASSRICHTUNG ➔

Abb. 1.4.4

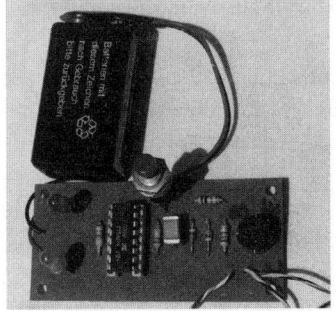

Abb. 1.4.5 Transistortester

1.5 Regelbare Spannungs- und Stromquelle

Um Messinstrumente und Ladeeinrichtungen zu eichen und abzugleichen benötigen wir zumindestens eine regelbare Spannungsquelle. Oft ist es sinnvoll, auch den Strom einstellbar vorzuwählen – dann können wir auch Ladestromanzeigen damit eichen und überprüfen und Akkus mit definierten Ladeströmen laden.

Wer nicht schon ein Labornetzgerät in seinem Fundus hat, oder wer Lust hat sich ein ener-

13

1

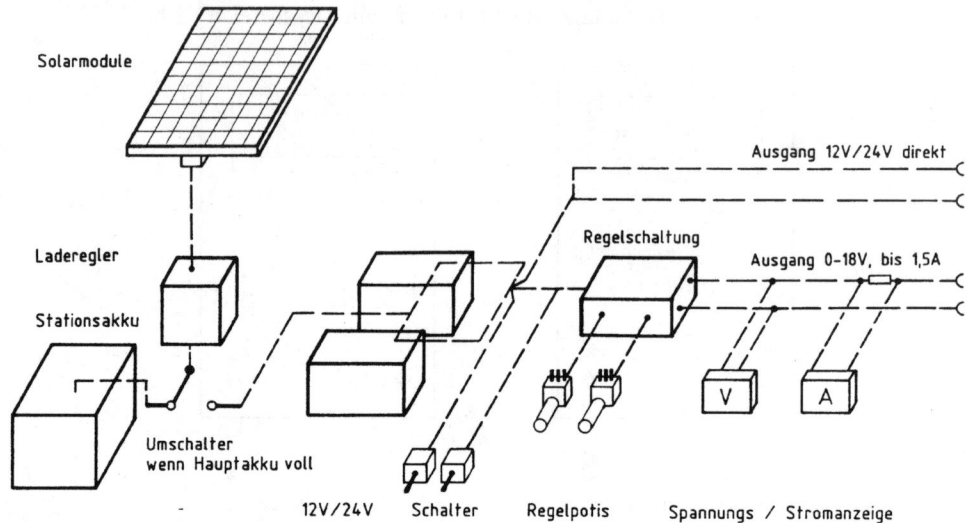

Abb. 1.5.1 Prinzipschaltbild

gieunabhängiges zu basteln, dem nachfolgend eine Bauanleitung mit einer einfachen Schaltung – mit einem Regel IC. Die Schaltung kann gut z.B. mit zwei 12 V Gelakkus in Reihe (24 V) betrieben werden. Natürlich geht es auch mit Trafo und Gleichrichter – wobei ich die Akkuvariante bevorzuge – da die Energie bei mir von Sonne und Wind kommt. Die weiteren Vorteile der Akkuvariante sind auch absolute Brummfreiheit z.B. bei dem Betrieb von Musikanlagen sowie die Unabhängigkeit von jeglicher Steckdose.

Meine Anforderung an diese Regelbare Spannungs-Stromquelle war es auch, einen Spannungsregelbereich in Richtung bis herunter zu 1,5 Volt zu erhalten.

Normalerweise ist es mit dem Regel-IC L 200 möglich, bis etwa 2-3 V abwärts zu regeln, da die Referenzspannung des IC 2-3 V positiv ist. Eine Möglichkeit wäre den Fusspunkt des IC um diesen Spannungsbetrag quasi ins Negative herunterzudrücken.

Hier für unsere Anwendung um minus 3 Volt.

Die negative Spannung wird üblicherweise bei Labornetzgeräten durch einen zusätzlichen Abgriff am Trafo bereitgestellt.

Der Einfachheit halber verwenden wir 2 Siliziumdioden, um die Ausgangsspannung auf ca. 1,5 V bis 1,6 V herunterzubringen.

Für die Spannungs- und Stromanzeige ist es sinnvoll, Digitalinstrumente zu verwenden, da es beim Eichen auch wirklich auf 1/10 Volt und Ampere ankommt. Im Elektronikhandel gibt's da sowohl Instrumente, deren Stromversorgung direkt an die zu messende Quelle angeschlossen werden können (weniger Schaltungsaufwand aber dafür teurer) oder andere, die eine extra Stromversorgung benötigen. Die mit der extra Stromversorgung sind sehr viel günstiger, leider braucht jedoch jedes Instrument seine eigene getrennte Stromversorgung. Ich habe für die vorgestellte Schaltung der einfacheren Beschaltung zuliebe, Instrumente verwendet, die direkt zu betreiben sind. Durch entsprechende (wie nachfolgend angegeben) Beschaltung erhalten wir den für uns passenden Anzeigebereich.

Zur Verwendung kommen:
IC 1 L 200 Spannungsregler
IC 2 L 7805 CV Spannungsregler für die Instrumentenversorgung
R1 47 Ohm
R2 750 Ohm
R3 Potentiometer 5 K lin. + Knopf
R4 22 Ohm für 20 mA   Strombegrenzung
R5 4,7 Ohm für 90 mA   Strombegrenzung
R6 0,8 Ohm für 380 mA Strombegrenzung
R7 0,45 Ohm für 680 mAStrombegrenzung

R8 0,3 Ohm für 1,2 A Alternativ: Drahtbrücke für 1,8 A   Strombegrenzung
Alternativ zu R4 bis R8 Draht- Potentiometer 25 Ohm Messwiderstände als Widerstandsteiler für den Bereich 20 Volt, Toleranz mind. 0,5 % mind. ½Watt
R9 10 k
R10 990 K
Strommesswiderstand für den Bereich 2 A, 4 Watt
R11 0,1 Ohm
D1 Schottkydiode SB 530 bis 5 A
D2 Siliziumdiode, z.B. 1 N5400
D3,D4 Siliziumdiode, z.B. 1 N5400 um die Ausgangsspannung zu reduzieren
S1 Hauptschalter 1x EIN
S2 Umschalter 1xUM
S3 Umschalter 2 x UM
S4 Messumschalter 1x 5
B 2 Gelakkus 12 V 7 Ah
M1 Messinstrument für Spannung 0-20 V (durch Spannungsteiler)

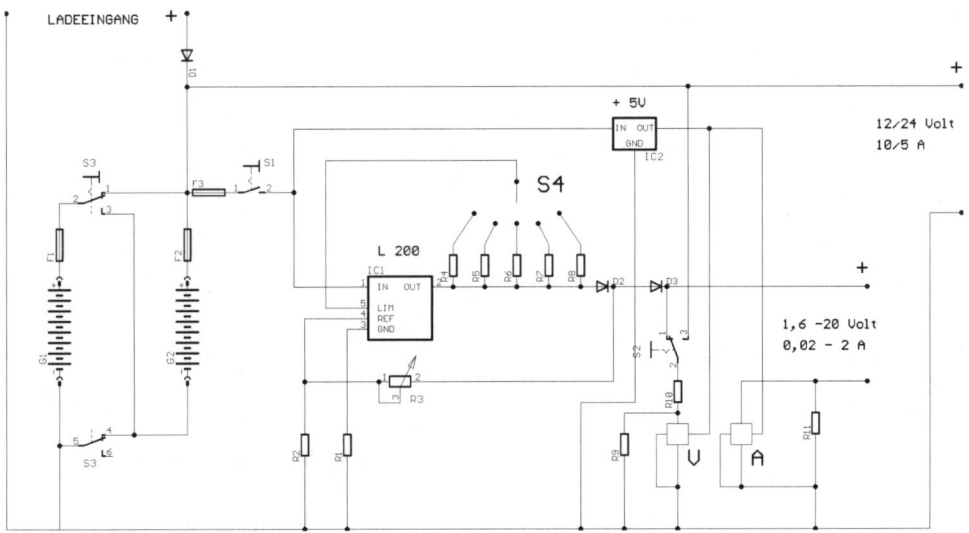

Abb. 1.5.2 Schaltplan Regelbare Strom- und Spannungsquelle

M2   Messinstrument für Strom 0-2 A
          · (durch Shunt)
Si1,Si2   Sicherung 5 A
Si3   Sicherung 2 A

Wenn wir das digitale Einbaumessinstrument mit LCD – Anzeige kaufen, wird es mit den Grunddaten geliefert:

Eingangswiderstand:100 MOhm
Messbereich: 200 mV Endausschlag
Auflösung: ca. 0,1 mV

Für unsere Anwendung ist es damit noch nicht einsetzbar und muss zuerst entsprechend der Instrumentenbeschaltung des Herstellers konfiguriert werden.

Bei den Instrumenten für die Spannungsanzeige wird der Dezimalpunkt mit DP 2 durch Lötbrücken gewählt, die Auflösung beträgt damit 0,01 V.

Den Spannungsbereich für 0 –20 V erreichen wir durch den Spannungsteiler mit R9 und R 10.

Bei dem digitalen Messinstrument für die Stromanzeige wird der Dezimalpunkt mit DP 3 gewählt und zur Messung des Stromes an den Widerstand   R 11 angeschlossen . Hierfür die Berechnungsgrundlage :

Nach der Formel:
$U = R \times I$ nach R umgewandelt

$R = U / I$
$R = 0,2\ V / 2\ A = 0,1\ Ohm$

Der L 200 muss ausreichend gekühlt werden, am besten an der Gehäuserückseite mit einer Glimmerscheibe an einem Kühlkörper befestigt.

Alublech für Gehäuse:
Es gibt zwar wundervolle Gehäuse zu kaufen, aber meistens passen sie nicht so recht für unsere Anwendung, außerdem sind sie auch ganz schön teuer!

Die Gehäuseab-messungen werden am besten in Bezug auf die Akkuabmessungen gewählt . Für die von mir verwendeten Bleigel – Akkus, 12 V, 7 Ah, mit den Abmessungen: L = 15 cm, B = 6,5 cm und H = 9,5 cm. Die Gehäuseabmessungen sind, wenn die Akkus liegend eingebaut sind, ca. Tiefe 26,0 Breite 17,0 Höhe 9,0 cm. Gut zu bearbeiten und ausreichend stabil ist ein Alublech mit einer Dikke von 2-3 mm. Die Aussparungen und Bohrungen werden am besten vor dem Biegen (im Schraubstock) angebracht.

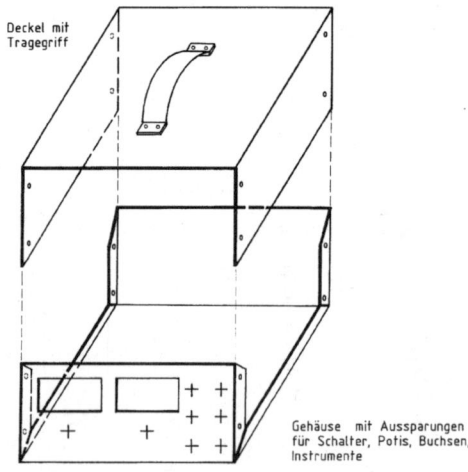

Deckel mit
Tragegriff

Gehäuse mit Aussparungen
für Schalter, Potis, Buchsen,
Instrumente

Abb. 1.5.3 Gehäuseabmessungen

Die Einheit – Regelbare Spannungs- Stromquelle – kann z.B. mit einem Laderegler an

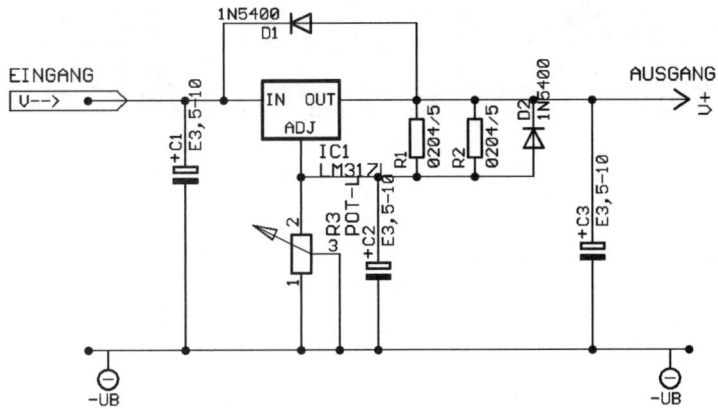

Abb. 1.5.4 Schaltplan Spannungsreglerschaltung

der Solar/Windanlage geladen werden, vorzugsweise dann, wenn die Stationsakkus voll sind. Entweder mit einem gekauften Solarladeregler oder auch entsprechend der Bastelvorschläge hier im Buch.

Auch im KFZ, Wohnmobil oder im Garten an der Autobatterie oder mit einem mobilen Solarmodul ist der Betrieb und die Ladung möglich.

Im Betriebsbereich von 1,5-10 V ist es sinnvoll, die beiden Akkus parallel zu schalten (weniger Wärme- und damit Leistungsverlust am Regler).

Das „Werkzeug" Regelbare Spannungs-Stromquelle sollte im Regelmodus, wegen des Leistungsverlustes, in der Hauptsache als Abgleich- und Eichhilfe eingesetzt werden

Wem die Stromeinstellungs – Variante immer noch zu aufwendig erscheint oder weiß, diese nicht zu brauchen, dem sei hier noch eine Spannungsregler-Schaltung mit dem IC LM 317 gezeigt, die es als ähnlichen Schaltungsaufbau auch als Bausatz im Handel gibt (Liefernachweis, Conrad – Electronic).

Zur Verwendung kommen:

R 1 = Poti 5 K lin.

R 2 = 2,2 K

R 3 = 270 Ohm

C 1 = 10 uF 35 V

C 2 = 2,2 uF 35 V

C 3 = 4,7 uF 35 V

D 1 = 1 N 4148

D 2 = 1 N 4148

IC = Spannungsregler LM 317 T oder K

2 Zustandsanzeigen beim solaren Laden von Akkus

Das solare Laden von Akkus ist eine feine Sache, schön und gut – aber woher wissen wir – wieviel reingeladen wurde, ob der Akku voll ist? – oder nur halbvoll?

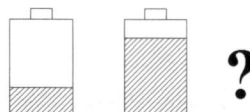

Abb. 2.1 Akkuzustand

Bei 230 V Netzbetriebenen Akkuladegeräten geht's oft nach Zeit, d.h. mit 1/10 der Akkuladekapazität und es gibt total aufwendige, ausgetüftelte Mess-und Überwachungsmethoden mit Mikrochips usw.

Beim direkten solaren Laden könnte dies auch realisiert werden, wir wollen jedoch die einfacheren, preiswerten und nachvollziehbaren Systeme nutzen. Da mal mehr und mal weniger Sonne scheint, sind Kontrollanzeigen nützlich und sinnvoll.

Folgende Kriterien und Überlegungen ergeben sich dabei:

- Die Zustandsanzeige der Akkus erfolgt grundsätslich unter Last   d.h. der Akku wird entsprechend der angegebenen Kapazität – z.B.. in mAh – mit einem Verbraucher bzw. einem Widerstand belastet und gleichzeitig die Spannung gemessen. Die

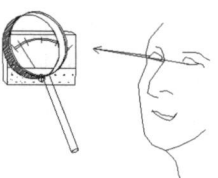

Abb. 2.2 Anzeigebereich mit Lupe?

meisten Batterieprüfgeräte messen nur die Spannung ohne Belastung.
- Der für uns interessante Anzeigebereich bewegt sich bei Spannungen von 1/10 Volt, also brauchen wir die Lupe oder... Eine andere Möglichkeit ist die Messung mit einem Digitalvoltmeter – muss aber nicht sein! eine andere, von mir bevorzugte Vorgehensweise ist die, preiswerte und optisch passende Messwerke (Analoginstrumente) entsprechend des benötigten Messbereiches umzugestalten.
- Oft genügt auch die Information Akku ist leer – gut – voll   und es ist im Grunde unwichtig   ob die Akkuzelle jetzt   1,25 oder 1,32 Volt hat.
- In der Regel werden Zeigerinstrumente für einen bestimmten Spannungs-oder -Strombereich konfektioniert, so z.B. 0-15 V , 0-30 V, 1-5 A usw. die sind dann aber auch nicht ganz billig
- Bei 12 Volt-Solaranlagen ist der Bereich von 9,5 – 16 V von besonderem Interesse, da spielt die Musik d.h. bei einem Instrument von 0 – 15 V werden mehr als die Hälfte des Anzeigeweges verschenkt

2

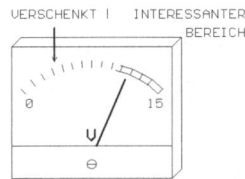

Abb. 2.3 Anzeigebereich

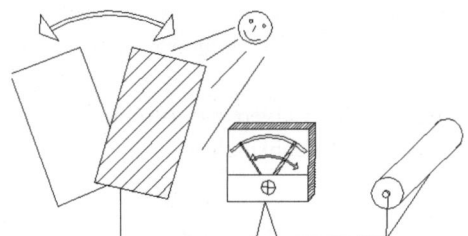

Abb. 2.4 Ladestromanzeige

- Desweiteren sind oft Restposteninstrumente wie z.B. für Aussteuerungsanzeigen, Wasserstandsanzeigen, Belichtungsanzeigen, usw. viel günstiger als die konfektionierten

- Die Eckdaten der Instumente werden in der jeweiligen Empfindlichkeit,

- meist in uA, mA und mit dem entsprechenden Innenwiderstand angegeben

- Ebenso verhält es sich mit dem Ladestrom. Beim Sonnenladen ist in der Regel von Interesse – ist das Paneel optimal zur Sonne ausgerichtet, d.h. schlägt der Zeiger mehr oder weniger aus. Quasi als Zusatzinfo können wir dann noch ablesen ob der Akku mit 50 mA oder 100 mA geladen wird und ob der Ladevorgang überhaupt funktioniert!

Abb. 2.5 Foto Zeigerinstrumente

2

- Daher lassen sich mit wenig Aufwand die Restposteninstrumente für uns prima nutzen!

Verschiedene Zeigermessinstrumente und ausgebaute Skalenblättchen.

2.1 Einfache Umgestaltung von Zeigerinstrumenten

Was wir brauchen:

Analoge Messinstrumente, Widerstände und Zenerdiode, eine regelbare Spannungsquelle und ein Digitalmultimeter, um die neue Anzeige zu eichen.

Spannungsanzeige:

Die Z-Diode liegt in Reihe zum Messinstrument. Ein Strom fließt erst wenn die Zenerspannung (Spannung der Zenerdiode) überschritten wird. Da gegen Ende der Ladung die Akkuspannung nur noch geringfügig ansteigt, ist z.B. bei einer 12 -V Anlage der Bereich von 10 – 14 V von besonderem Interesse, also wählen wir bei einer 12 V Anlage eine Z-Diode von z.B. 9,1 V d.h. ZPD 9,1.

Der „Nullpunkt„ des Messinstrumentes liegt somit bei einer Spannung von ca. 9,5 V. Mit

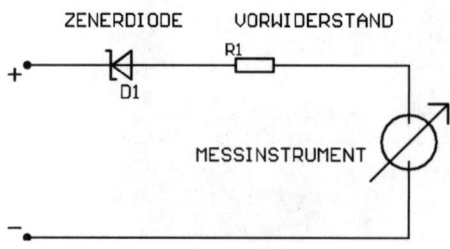

ZENERDIODE   VORWIDERSTAND

Abb. 2.1.1 Prinzipschaltbild

einem Vorwiderständ oder Trimmpoti erreichen wir die Anpassung an das jeweilige Instrument.

2.2 Zeigerinstrumente eichen

Beispiel für eine 12 V Lade- und Vorratsanzeige

1. Trimmpoti P 1 und P 2 ganz zum Punkt „x" drehen.
2. Anstatt Akku, regelbare Spannungsquelle (siehe auch Bauanleitung im Buch) anschließen und auf 10,5 V einstellen.
3. P 2 langsam Richtung „y" drehen, bis der Zeiger des Instrumentes sich im ersten linken Drittel befindet.
4. Regelbare Spannungsquelle auf 16,5 V einstellen und mit P 1 Richtung „y" drehen bis der Zeiger sich kurz vor dem Maximalanschlag befindet.
5. Dann nochmals nachjustieren wie 2. + 3.
6. Evtl. nochmals wie 4. nachjustieren
7. Mit regelbarer Spannungsquelle versch. Zwischenwerte einstellen, wie z.B. 12,2 V – 12,5 V – 13,8 V und Zwischenwerte auf vorhandener Skala ablesen und damit neue Skala erstellen
8. Natürlich lässt sich die Skala auch in Prozent Akkuladezustand eichen, wobei darauf zu achten ist, ob die Akkuspannung unter Last gemessen werden soll.

Das Gehäuse des Instrumentes lässt sich in der Regel auseinandernehmen, Vorsicht beim Zeigerchen! Die angefertigte, neue Skala mit einem Kleber wie z.B. Fixo-gumm fixieren und einkleben.

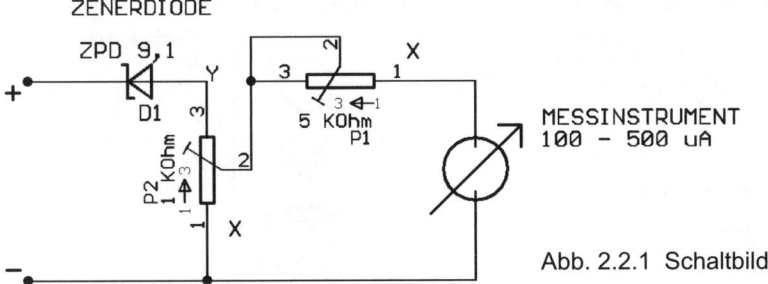

ZENERDIODE

Abb. 2.2.1 Schaltbild

Oben vorhandene, unten neue Skala.

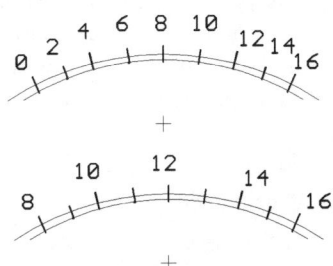

Abb. 2.2.2: Skalendarstellung

Soll der Ladezustand von nur einer Akkuzelle (1,2 oder 1,5 V) erfasst werden, reichen normalerweise 2 – 3 Siliziumdioden in Reihe „vor" dem Instrument. Bei einem NiCd Akku spielt sich alles – ob voll oder halbvoll – zwischen 1,1 V und 1,4 V ab, also ist es gut, die ganze Skala für diesen Bereich zu nutzen!

2.3 Ladestromanzeige, Beschaltung und Skala

Das Prinzip zeigt die Zeichnung. Ein Teil des Stromes fließt über den sog. Shuntwiderstand am Instrument vorbei, d.h. das Instrument misst eigentlich die Spannungsdifferenz am Widerstand.

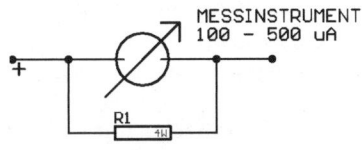

SHUNTWIDERSTAND

Abb. 2.3.1 Prinzipschaltbild

+
▷|─ D1   ▷|─ D2
  1N4148   1N4148

MESSINSTRUMENT
100 – 500 uA

2-3 SILIZIUMDIODEN JE NACH
INSTRUMENT

–

Abb. 2.2.3 Anzeige für 0,9 V – 1,5 V

21

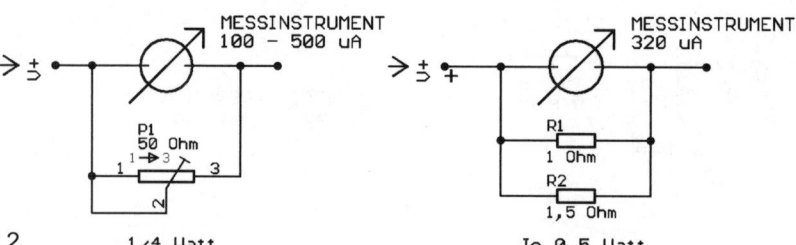

Abb. 2.3.2   1/4 Watt   Je 0,5 Watt

Konkret: Anzeige für 100 mA und 300 mA Ladestrom.

Schaltbilder:

Durch Parallel – oder Reihenschaltung der Widerstände erhalten wir den exakten Widerstandswert oder wir verwenden einen Trimmpotentiometer. Auf jeden Fall muß der Widerstand für die Strombelastung ausreichend bemessen sein. Spannung mal Strom = Watt des Widerstandes. Beispiel: 13 V x 0,3 A = 0,39 W d.h. es ist ein Widerstand von ½ Watt erforderlich.

Berechnung bei Parallelschaltung von zwei oder mehreren Widerständen:

Rges = 1/ (1/ R1) + (1/ R2) + (1/ Rn)

Strom-Durchflussanzeige mit Leuchtdiode

Wenn es auf die Spannungsdifferenz zwischen Eingangs- und Ausgangsspannung von 1 – 2 V nicht ankommt, eignet sich die folgende Schaltung als Kontrollanzeige dafür, ob überhaupt Ladestrom fließt.

Bei einer Siliziumdiode fällt 0,5 bis 0,9 V (Schwellenspannung) je nach Typ, Temperatur und Durchlasstrom ab. D.h. wir haben eine Spannungsdifferenz ähnlich wie beim Widerstand. Je nach Anzahl der Dioden erhalten wir so eine Spannung, die zur Versorgung einer Leuchtdiode ausreicht.

Eine rote LED leuchtet schon schwach bei 1,4 V. Eine gelbe oder grüne LED ab 1,8 V. So ist es möglich, eine Ladestromanzeige oder eine Verbrauchsanzeige entsprechend folgendem Prinzipschaltbild anzufertigen:

Schaltbild:

LED = Leuchtdiode

D 1 – D 3 Dioden entsprechend des zu erwartenden Stromflusses. Beispiel: Siliziumdiode P 600 für bis zu 6 A.

Die Schaltung ist geeignet für einen Stromfluss von 20 mA (Leuchtdiodenstrom) mit entsprechenden Dioden bis weit über 10 A. Bei höheren Strömen reichen zwei Dioden.

Große Ströme lassen sich einfach am Kabel messen, wie in Abb. 2.3.4 dargestellt, da der Leiter (das Kabel) im Prinzip auch einen Widerstand hat bzw. ist. Beispiel: Kabel, 1m lang, Querschnitt 2,5 mm² = 0,0072 Ohm *100 A

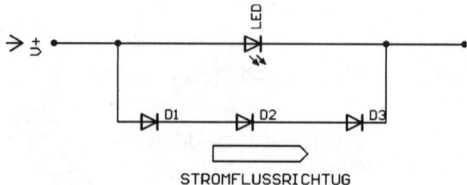

Abb. 2.3.3 Strom-Durchflussanzeige mit Leuchtdiode

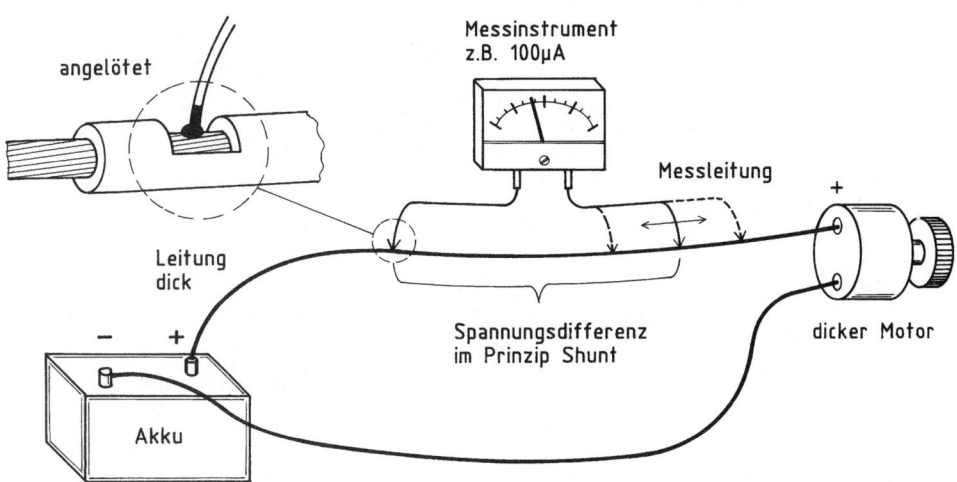

Abb. 2.3.4 Messung großer Ströme am Kabel

= 0,72 V Spannungsdifferenz. Je nach Empfindlichkeit des Instrumentes wählen wir die
Kabellänge. Weiter im Beispiel: Instrument
100 uA, Innenwiderstand 1000 Ohm = Vollausschlag bei 0,1 V ergibt ca. 14 cm Kabel.

Weitere Kabelwiderstände: 4 mm² = 0,0045
Ohm; 6 mm² = 0,003 : 10 mm² = 0,0018; 25
mm² = 0,00072 Ohm.

Die Skala des Instruments wird mit einem
Multimeter geeicht. Oft kann die vorhandene
Skaleneinteilung weiter verwendet werden,
da die Anzeige weiterhin linear ist.

Sehr schön ist auch die Skalenbeschriftung
mit sog. Abreibebuchstaben zu realisieren. Die

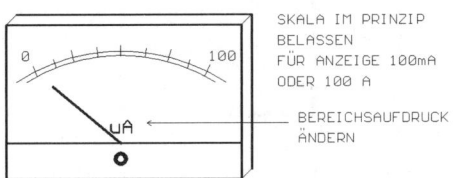

SKALA IM PRINZIP
BELASSEN
FÜR ANZEIGE 100mA
ODER 100 A

BEREICHSAUFDRUCK
ÄNDERN

Abb. 2.3.5 Skalenbeschriftung

Bögen mit entsprechenden Zahlen und Buch-
stabengrössen gibt es in guten Schreibwaren-
handlungen. Die Zahlen werden mit einem
weichen Bleistift auf die Skala aufgerieben.

2.4 Anzeige von Strom und Spannung mit einem Instrument

Mit einem zweiebenen Umschalter (2 x UM)
können wir aus Kosten- oder Platzgründen
Strom und Spannung mit einem Instrument
messen. Dies hat außerdem den Vorteil, dass
die Spannungsanzeige bei Stellung Strom
ausgeschaltet ist. Die Spannungsanzeige verbraucht zwar wenig Energie – das ist aber alles eine Frage der Zeit!

D 1:   Schottkydiode, z.B. SB 130
Trimmpoti: R1+R2 1K-5K
Z: ZD 9,1
R3:   1 Ohm
R4:   1,5 Ohm

2

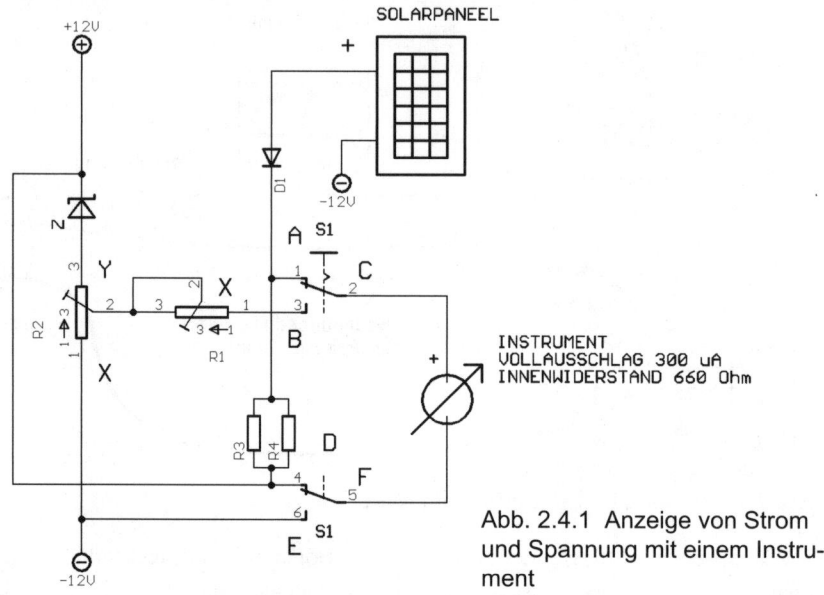

Abb. 2.4.1 Anzeige von Strom und Spannung mit einem Instrument

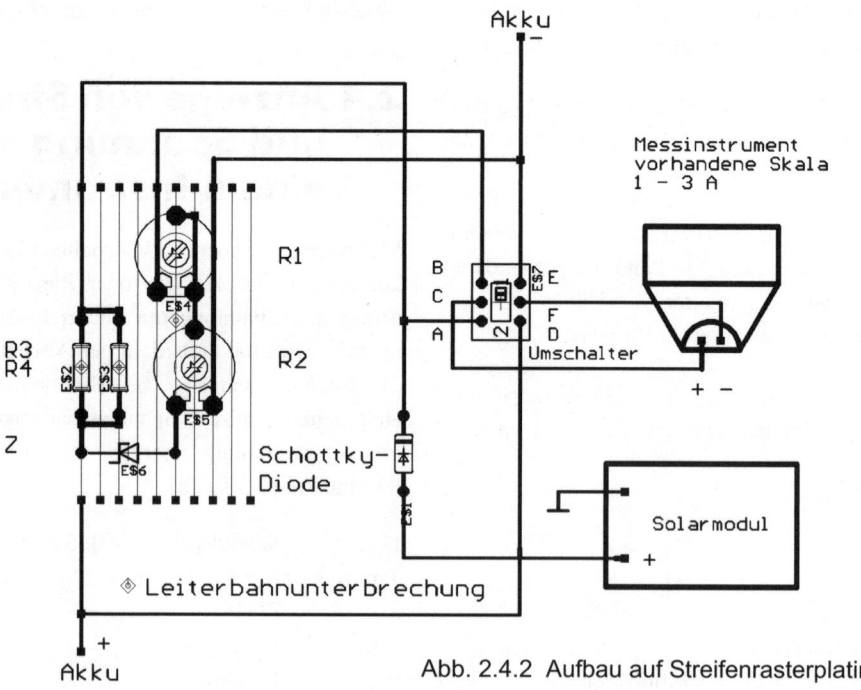

Abb. 2.4.2 Aufbau auf Streifenrasterplatine

Angabe für Messinstrument mit 300 uA Vollausschlag. Getestet mit Instrumenten von 100 uA – 300 uA und verschiedenen Innenwiderständen.

Die Schaltung ist für ein Solarpaneel mit 1 – 2 Watt und einem Ladestrom von bis zu max. 500mA ausgelegt.

Um solche Schaltungen wie vor vorgestellte zu realisieren, verwende ich meistens Streifenrasterplatinen. Die elektronischen Bauelemente wie Widerstände, Dioden, Transistoren usw. passen in die gerasterten Leiterbahnen und brauchen nur noch verlötet zu werden. Als Beispiel und zum Aufbau der Anzeigeschaltung nachfolgend die Zeichnung (Abb. 2.4.2).

Bei den Widerständen R3 und R4 müssen die Leiterbahnen unterbrochen werden. Dies geht am besten mit einem 3 – 4 mm Bohrer. R3 und R4 werden durch eine Drahtbrücke verbunden, da sie parallel geschaltet sind. Der Mittelanschluss von R1 wird etwas nach rechts in die Leiterbahn Nr. 6 gebogen und gesteckt. Die Schottkydiode kann auch noch auf der Leiterplatte untergebracht werden. Das Messinstrument hatte bereits eine Skala von 1 – 3 A, die für die Stromanzeige genutzt werden kann (hier 1 – 300 mA Ladestrom). Nur für die Spannungsanzeige muss die Skala neu erstellt werden.

Die Fotos (Abb. 2.4.3) zeigen eine kombinierte Spannungs – Stromanzeige realisiert im Solarkoffer für den Akkuschrauber. Die Bananensteckerbuchsen und die KFZ-Buchse sind für zusätzliche Stromverbraucher eingebaut.

Das Gehäuse stammt von einem Steckernetzteil. Für die Verbindung zum Akkuhalter wurde eine Chinchsteckverbindung benutzt, die für die relativ kleinen Ströme gut geeignet ist, da verpolungssicher. Durch die Steckverbindungen ist die Anzeigeeinheit sehr variabel und kann auch für andere Geräte benutzt werden.

2

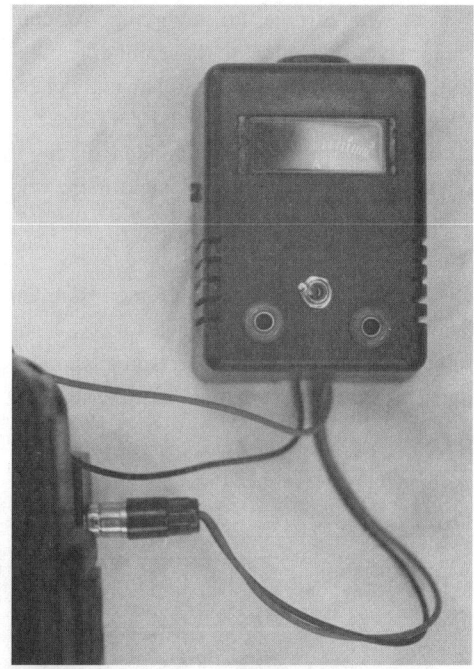

Abb. 2.4.3 Im Einblick in das Gehäuse sind die Lochrasterplatine und die beiden Trimmpotis sowie die Instrumenten – Unterseite zu sehen

2

2.5 Belastungswiderstand für große Ströme

Wollen wir Ströme ab mehreren Ampere messen, so ist es günstig, diese mit einem definierten Belastungswiderstand abzugleichen. Eine Anordnung mit mehren KFZ – Biluxbirnen bei denen z.B. ein Glühfaden durchgebrannt ist – und die im KFZ nicht mehr verwendet werden können – hilft dabei sehr.

Die Autobirnen werden auf einen stabilen Winkel montiert, indem je nach Anzahl Bohrungen im Winkelblech, entsprechend des unteren Durchmessers des Lampensockels,

angebracht werden. Die Leuchten können dann einfach mit Zwei-Komponenten-Kleber befestigt werden.

Des weiteren wird der Winkel mit Bananensteckerbuchsen ausgestattet und so verschaltet, dass entweder eine, zwei, drei oder vier Lampen durch Umstecken angeschlossen werden können. Damit haben wir einen variablen Belastungswiderstand.

Die Verschaltung der Birnen und Buchsen habe ich so gemacht, dass die einzelnen Birnen durch kräftige Dioden verbunden sind – somit ist es durch einfaches Umstecken möglich – eine, zwei oder ...... Birnen zu wählen und damit den Belastungswiderstand in diesen Schritten zu erhöhen.

Abb. 2.5.1: Aufbau Belastung Widerstand

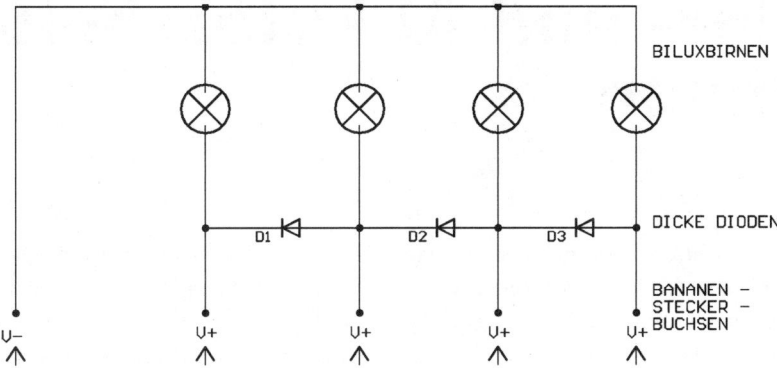

Abb. 2.5.2: Schaltbild Belastungswiderstand

2.6 Kapazitätsprüfein-richtung für große Akkus

Mit Hilfe des Belastungswiderstandes einer Autouhr oder eines Betriebsstundenzählers und einer Unterspannungsabschaltung (siehe Kapitel Extras) können wir auf einfachste Weise die zur Verfügung stehende Kapazität des Akkus ermitteln.

Je nach zu prüfender Belastung wählen wir die Anzahl der Birnen, schließen das Ganze

an den Akku an – schauen auf die Uhr – und los geht's. Die Unterspannungsabschaltung trennt dann Akku und Uhr bei Erreichen der Unterspannung, z.B. bei 10,8 V, wir lesen die Zeit ab und können anhand der Zeit und des Belastungswiderstandes die aus dem Akku verfügbare Kapazität berechnen. Beispiel:

3 h mit 90 W = 270 Wattstunden (Wh)/ Akkuspannung z.B. 12 V ergibt 22,5 Ah Akkukapazität.

Spannend ist es dann auch festzustellen, welche Kapazität der Akku bei welcher Belastung hat. Prinzip:

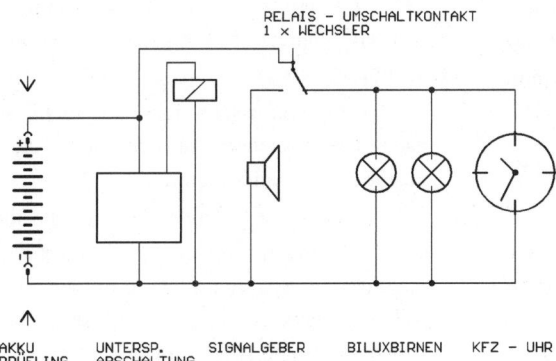

Abb. 2.6.1: Prinzipschaltbild Kapazitätsprüfeinrichtung

3 Solar- und Akkutaschen-lampen

Es gibt einige Gründe warum ich immer wieder alle möglichen Arten von Taschenlampen konstruiere und bastle. Ich liebe es, unabhängiges Licht bei mir zu haben. Viele Taschenlampen liegen nutzlos herum, sei es, weil die Batterien leer sind oder das Batterieformat nicht mehr passt. Ein weiterer Grund ist der, dass ich die bewegungsaktiven Außenleuchten hasse – ich gehe irgendwo vorbei und klack das Licht geht an.

Wenn die Leute wüssten, wieviel Energie für diese wachsame Bereitschaft dahinträpfelt – so gut 60 – 100 KWh pro Jahr!

Da gibt's doch so schöne, pfiffige Taschenlämpchen, die tagsüber in der Sonne liegen – und nachts – satt vor Energie – ein wenig Licht auf unseren Weg bringen.Und vor allem – das Licht ist genau dort, wo ich es brauche!

Auch beim Basteln! sonst musst du die Kabeltrommel suchen, wo ist die Steckdose? durchs Fenster oje und die Birne ist kaputt. Da schnapp ich mir doch meine 6 V Powertaschenlampe – und schon geht's los ruck – zuck und die Sonne lacht noch in der Nacht.

Für mich wichtig ist, nachladbar sollten die Taschenlampen sein. Entweder direkt mit einem Minisolarmodul oder mit einer Steckverbindung zu einem anderen Energiesystem.

Im Prinzip geht das bei allen Taschenlampenformen. Für den Umbau zur Solartaschenlampe eignen sich flache Formen besonders gut wie z.B. die Blocktaschenlampe und der Handscheinwerfer. Stabtaschenlampen eignen sich eher für die Variante mit Steckverbindung.

3.1 Solartaschenlampe mit Direktladeeinrichtung vom Minimodul

Zuerst ist es gut, folgende Punkte abzuprüfen:

1. Hat die Taschenlampe ebene Flächen zur Montage des Minimoduls?

2. Wie groß ist die Fläche, d.h. welche Anzahl von Minimodulen können montiert werden –danach richtet sich die Akkuspannung

3. Sind gute Voraussetzungen am Gehäuse da, um die Taschenlampe zur Sonne aufzustellen bzw. aufzuhängen

4. Gibt es günstige Restpostenakkus, die ins Gehäuse passen mit entsprechender Kapazität und Spannung? Gut eignen sich Restpostenakkus mit Lötanschlüssen. Ansonsten normale Akkus mit Akkuhaltern.

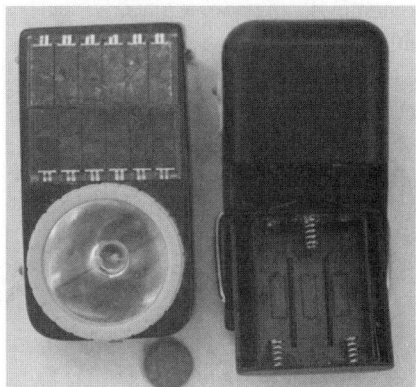

Abb. 3.1.1 Umbau zu Solartaschenlampen

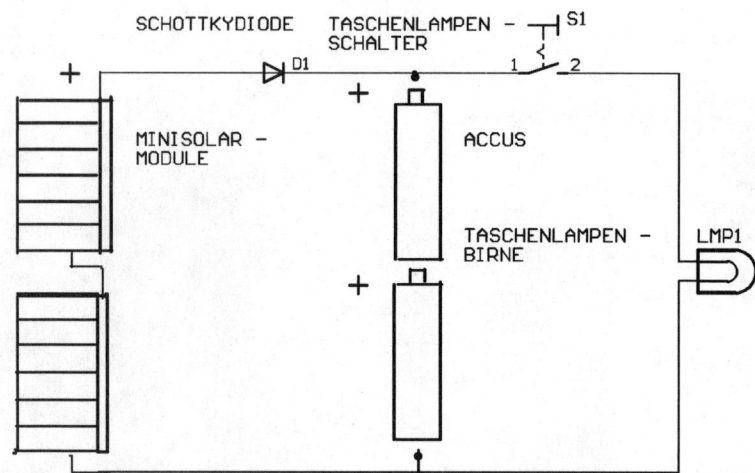

Abb. 3.1.2 Das Prinzip der Beschaltung ist einfach: Minisolarmodul, Schottkydiode und Akkus

Bei der Verwendung von 2 Minimodulen – entsprechend der Bauanleitung von Kapitel „Anfertigen von Solar- Minimodulen" sind 2-3 Akkus der Größe Mignon gut geeignet. die Kapazität der Akkus sollte für Dauerladung mindestens 500 mA sein. Bei dieser Dimensionierung kann man eine weitere Überwachung der Akkus getrost vergessen. Bei höheren Kapazitäten verlängert sich die Ladedauer dementsprechend.

Ganz besonders geeignete Akkus für die oben aufgeführten Taschenlampen sind nachladbare Alkali – Mangan Batterien. Einzelheiten hierzu im Kapitel „Ladegeräte"

3.2 Akkutaschenlampen mit Ladeschluss

Im Prinzip kann jede Batterietaschenlampe zur Akkulampe werden, indem die Batterien durch Akkus ersetzt werden. Komfortabler ist es jedoch, wenn die Akkus nicht mehr jedes Mal gewechselt werden müssen und die Taschenlampe einfach eingesteckt wird.

Der Handscheinwerfer rechts im Bild war mit einer sog. Laternentrockenbatterie (6 V) ausgestattet. Diese Form gibt es nicht als Akku. Aber wie der Zufall wollte, gab es einen Restpostenbleigelakku mit 6 V , 4 Ah für unter 10 DM, der ganz prima reingepasst hat. Die Leuchte ist mit einer integrierten Ladeschaltung ausgestattet und kann in einer 12 V – Zigarettensteckdose eingesteckt und aufgeladen werden.

Der andere Handscheinwerfer war mit 6 Monozellen bestückt – diese sind als Akku sehr teuer. Also wurde hier ebenfalls der 6 V , 4 Ah Akku reingebastelt und das Lämpchen gegen eine bewährte 6 V Fahrradbirne getauscht.

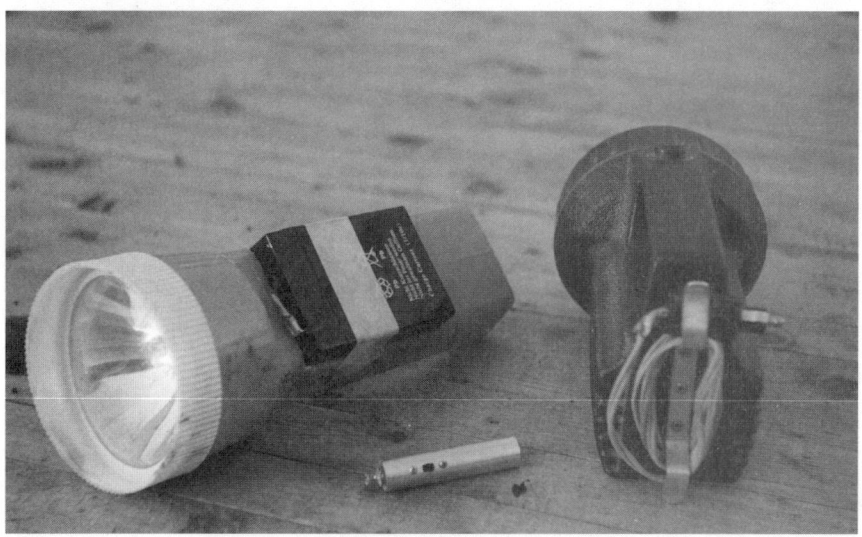

Abb. 3.2.1 Akkutaschenlampe mit Ladeanschluss

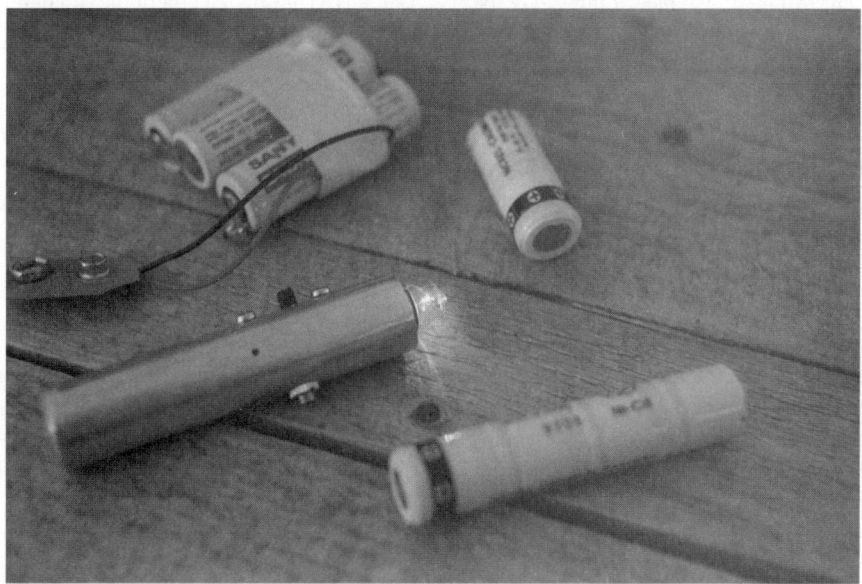

Abb. 3.2.2 Akkutaschenlampe und Restpostenakkus

3

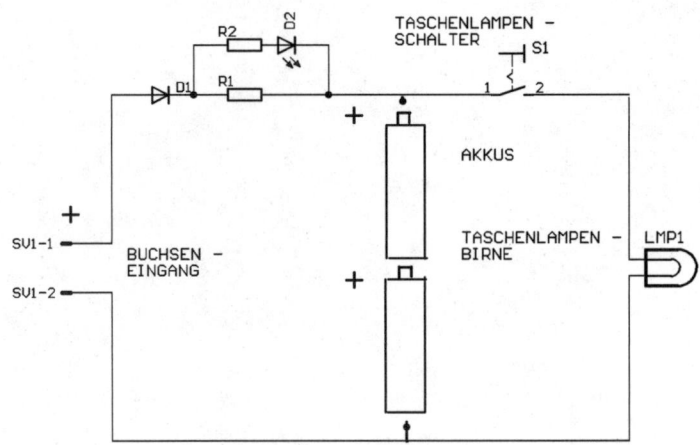

Abb. 3.2.3 Prinzip mit integrierter Ladeüberwachung

Das kleine Lämpchen unten im Bild besteht aus einem Minirestpostenakku mit 2,4 V, das Ganze in eine Aluhülle reingebastelt und mit Birnchen, Schalter und Ladebuchsen versehen – eine echte Taschen – Lampe!

Entscheiden sollten wir uns hierbei, ob die Ladeüberwachung gleich mit in das Taschenlampengehäuse integriert wird oder die Ladeelektronik außerhalb ist.

Teile und Dimensionierungen:
D 1 = BAT 43 bis zu einem maximalen Ladestrom von 100 mA , sonst z.B. SB 130 (bis 1 A)

Durch die Diode wird Falschpolung vermieden und es ist auch, ausser an einem 12V Akku, der direkte Anschluss eines Solarmoduls möglich.

Anzahl Akku-zellen	Spannung Volt	R 1 in Ohm Ladestrom 20 mA	R 1 in Ohm Ladestrom 50-60 mA	R 1 in Ohm Ladestrom 100-120 mA	R 2 in Ohm Vorwiderst. LED, 10 mA
1	1,2	470	180	82	820
2	2,4	390	150	82	680
3	3,6	330	120	68	560
4	4,8	270	120	56	470
5	6,0	220	82	39	390
6	7,2	150	56	27	270
7	8,4	82	33	15	220

D 2 = LED

R 1 = Ladestromregelung

R 2 = Vorwiderstand für LED

Werte für 12 V Ladespannung. Widerstandswerte der Widerstandsreihe angepasst.

Akku Voll-Anzeige

Um zu erkennen, wann der Akku voll ist, hier noch eine einfache Anzeigeschaltung mit einer Leuchtdiode:

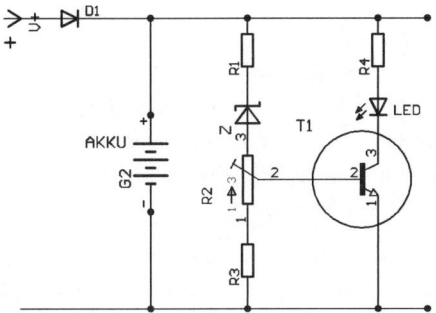

Abb. 3.2.4 Akku Voll-Anzeige

Teile und Dimensionierungen:

R 1 = 0,5 – 1 KOhm

R 2 = Trimmpoti 10 KOhm

R 3 = 0,5 – 1 KOhm

R 4 = je nach Akkuspannung: V Akku
–2,4 V / 0,01

T = Transistor, z.B. BC 237 B

Z = Zenerdiode: ca. 2 Volt unter dem Spannungswert der Akkus. Beispiel: bei einer Akkuspannung von 7,2 Volt wird eine ZD 5,6 verwendet.

Mit dem Trimmpoti R 2 und einer regelbaren Spannungsquelle sowie einem Digitalmultimeter wird die Anzeigeschaltung wie folgt geeicht:

Regelbare Spannungsquelle mit Hilfe des Digitalmultimeters auf die Akkuendspannung einstellen – Anzeigeschaltung ohne Akkus polrichtig anschließen – Trimmpoti so einjustieren, dass LED gerade anfängt zu leuchten.

3.3 Alternativvariante – Ladeschaltung (very simple)

Anstatt des Vorwiderstandes verwenden wir ein Birnchen, welches den Ladestrom begrenzt und gleichzeitig als Ladeanzeige fungiert. Siehe auch Ladestrombegrenzung im Kapitel: Solare Ladeverfahren.

Diese Variante eignet sich besonders gut für Ladung von Akku zu Akku, mit großer Kapazität, z.B. Motorradakkus oder Bleigelakkus, da der Ladestrom schon fast in den Amperebereich geht und ein Widerstand ziemlich heiß werden würde.

Da Glühbirnen meist in Watt (W) angegeben sind, berechnen wir den Ladestrom mit der Formel: I = W : V

I = Ladestrom

W = Leistung der Glühbirne in Watt

V = Akkuspannung in Volt

Beispiel: Akku 12 V, 7 Ah; Birne 5 W : 12 V
= 0,416 A Ladestrom bzw. 416 mA.

3

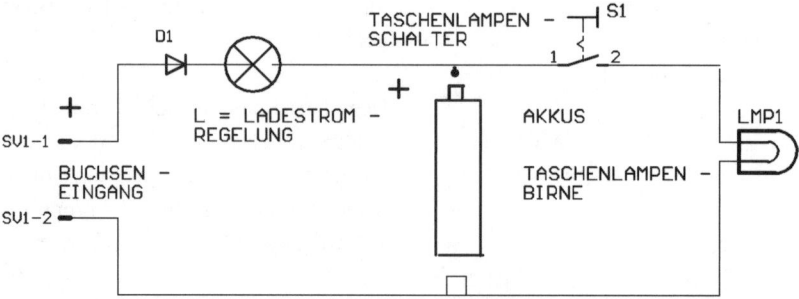

Abb. 3.3.1 Prinzipschaltbild: Ladeschaltung very simple

3.4 Taschenlampen-dimmer

Zu guter Letzt in diesem Kapitel noch ein Bonbon – ein – nein – sogar zwei Taschen-lampendimmer!

Ein Dimmer ist deshalb nützlich und sinnvoll, da er erstens die Betriebszeiten des Akkus und zweitens die des Lämpchens erhöht. Au-ßerdem wird ganz oft die volle Leuchtkraft der Taschenlampe eigentlich gar nicht ge-braucht, im Gegenteil – manchmal ist es so-gar störend wenn die Taschenlampe zu hell ist. Man denke nur an die Situation – nachts im Zelt – wenn die Mitschläferinnen nicht gestört werden sollen!

In einem alten Elektorheft von 1975 hatte ich folgende Schaltung entdeckt. Sie ist problem-los und kostengünstig mit Bastelkistenteilen nachzubauen und funktioniert klasse!

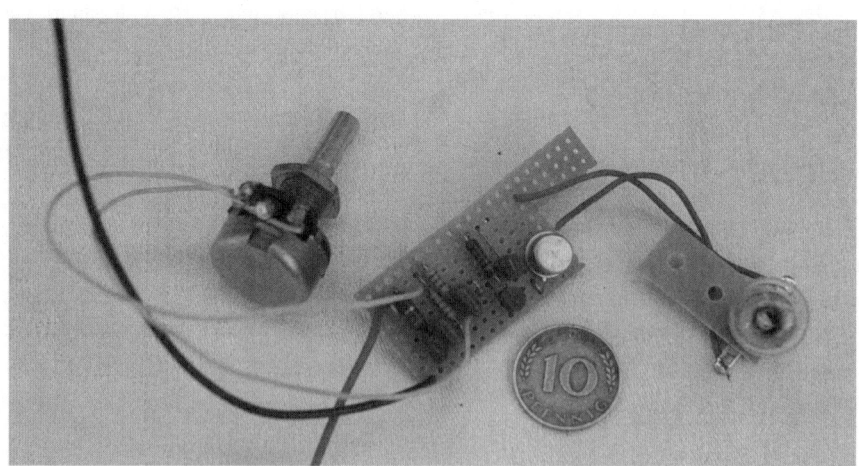

Abb. 3.4.1 Taschenlampendimmer

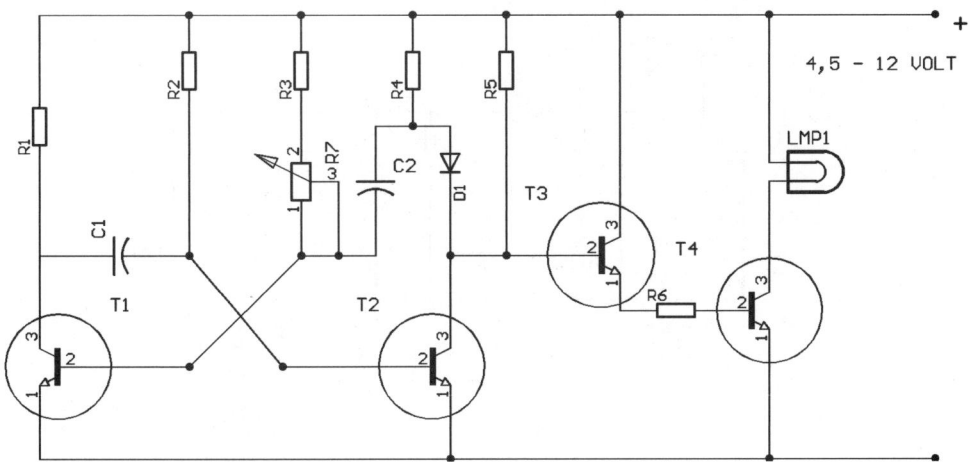

Abb. 3.4.2 Schaltbild Taschenlampendimmer

Die Schaltung ist als astabiler Multivibrator aufgebaut. Die Frequenz und damit die Helligkeit des Lämpchens wird mit dem Drehpoti R7 eingestellt.

Der Transistor T 4 muss nicht gekühlt werden, da er als Schalter arbeitet, d.h. mit Impulsen. Somit wird bei gedimmter Helligkeit keine Energie verbraten! Die Schaltung funktioniert von 4,5 – 12 Volt – ich habe sie in dem 6 V Handscheinwerfer mit Fahrradbirne – eingebaut.

Zur Verwendung kommen:
R1 = 8,2 K
R2 = 33 K
R3 = 4,7 K
R4 = 8,2 K
R5 = 5,6 K
R6 = 390 Ohm
R7 = 100K lin. (Poti)
C1 = 47 nF
C2 = 47 nF

D1 = 1 N 4148 oder eine andere Siliziumdiode
T1 = BC 237, BC108
T2 = wie T1
T3 = wie T1
T4 = BC 141
L = Lämpchen entspr. Spannungsquelle

Damit ihr auch diese , etwas aufwendigere Schaltung, problemlos hinkriegt, auch hier der Aufbau mit Lochrasterplatine:

Dimmerschaltung 12 V / bis 24 W

Die zweite Dimmerschaltung ist auch sehr simpel zu realisieren – allerdings weniger aus der Bastelkiste sondern mit einem integrierten Schaltkreis; trotzdem liegen die Materialkosten des gesamten Dimmers unter 10 DM. Diese Schaltung ist für stärkere Leuchten bis 24 Watt Leistung und 12 Volt Betriebsspannung sehr gut geeignet. Sie kann z.B. in eine 20 W Halogen – Tischleuchte eingebaut werden.

3

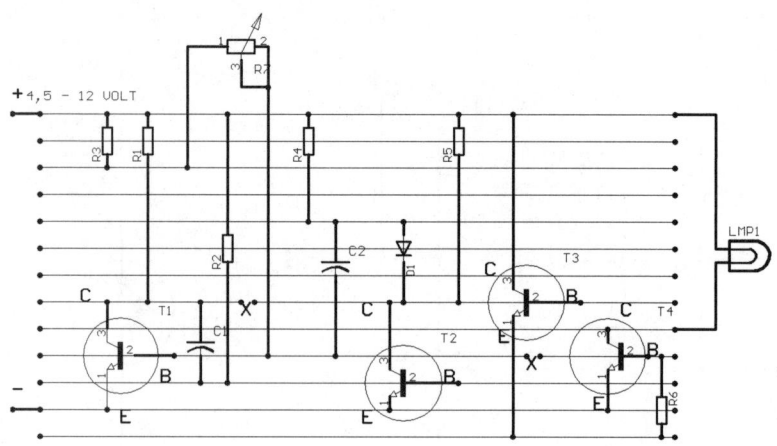

X Leiterbahnunterbrechung

Abb. 3.4.3 Aufbau auf Streifenrasterplatine

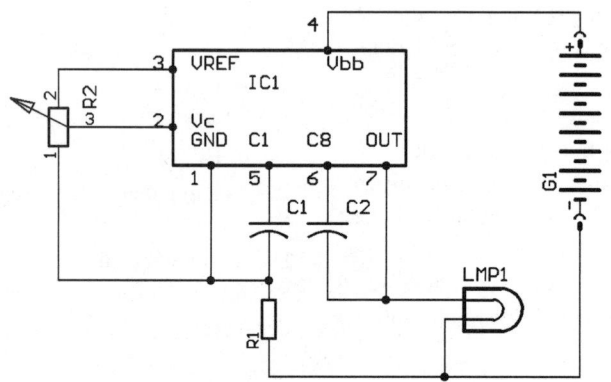

Abb. 3.4.4 Dimmerschaltung 12 V/24 W

Zur Verwendung kommen:

IC = BTS 629 A

R1 = 150 Ohm

R2 = 2,2 – 2,5 K lin. (Poti)

C1 = 68 – 100 nF

C2 = 22 nF

L = z.B. Halogenbirne bis max. 24 W

Die Schaltung habe ich der Einfachheit halber auf einer Lochrasterplatine aufgebaut. Ansonsten ist es ein wenig kompliziert, die sieben Beinchen des ICs anzuschließen.

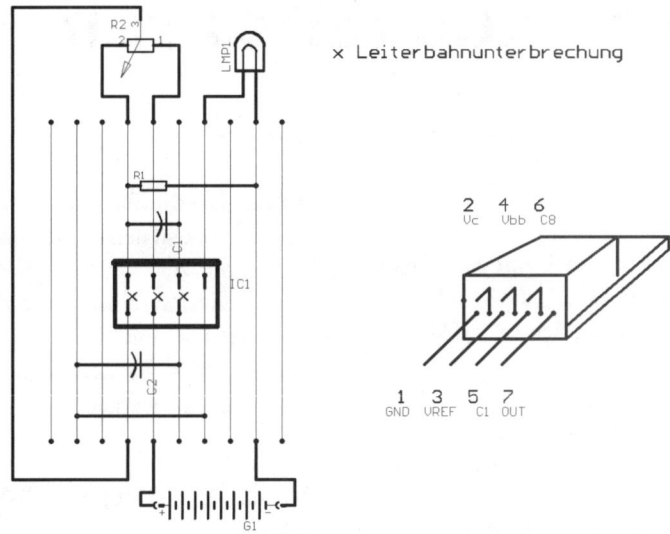

Abb. 3.4.5 Dimmerschaltung 12 V/24 W auf Streifenrasterplatine

Solare Ladeverfahren

Heimstation

Ohne Zweifel ist es optimal, eine zentrale En-
ergiespeicherung aus Solar- und Windenergie
zu haben und dann die „kleinen" Akkus daraus zu laden.

Die Vorteile hiervon sind, dass die Akkus
dann geladen werden können, wenn sie leer
sind, d.h. auch über Nacht. Auch kann mit
großem Strom und entsprechenden Ladesy-
stemen sehr schnell geladen werden.

Im Bereich meiner solaren Heimstation mache ich das auch so. Die Mignonakkus werden innerhalb von 1-2 Stunden mit Ladeim-
pulsen vollgeladen.

Dazu habe ich mir ein Restposten – Handyladegerät (2,50 DM), vorgesehen für das La-

den des Handys im Auto – mit Akkuhaltern
ausgestattet und den im Gehäuse befindlichen
Trimmpoti zur Einstellung der Ladespan-
nungsgrenze, an einen neu am Gehäuse eingebauten Poti mit Skala angeschlossen. Es
können jetzt 4 – 7 Zellen im Impulsladeverfahren geladen werden.

Mobile, solare Direktlade-geräte

Das folgende Kapitel befasst sich vorwiegend
mit kleinen, kompakten, direkten, mobilen
Solarladegeräten. Für unterwegs oder für Akkuzellen, die im Moment nicht gebraucht
werden. Sie liegen da so rum. Genauso kann
ich sie in ein kleines Solarladegerät stecken
und das liegt oder hängt am Fenster, die Sonne scheint drauf, der Akku wird entweder

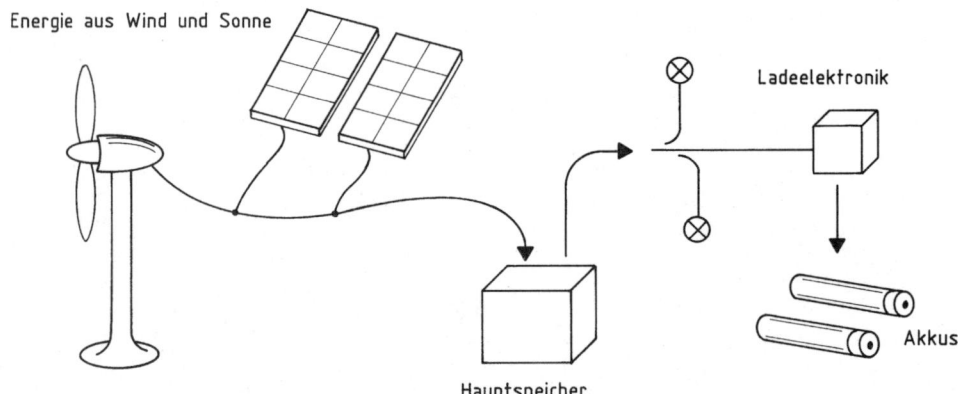

Abb. 4.1 Symbolische Darstellung Heimstation

Abb. 4.2 Handyladegerät, umgebaut

langsam aber sicher geladen oder die Ladung bleibt erhalten.

Die Dimensionierung der Solarzellen ist gerade so gewählt, dass eine schonende Dauer- und Erhaltungsladung stattfindet.

Was viele nicht wissen, die Selbstentladung der Akkus wird mit zunehmender Kapazität (Energiedichte) größer, d.h. ein 1000 mAh Mignonakku entlädt sich schneller als ein 500 mAh Mignonakku. Nach meiner Erfahrung ist die Selbstentladung von NMH (Metallhydrid) Akkus noch größer als die von NiCd Akkus. Durch das Solarladegerät habe ich also in dem Moment, in dem ich den Akku brauche, einen der voll geladen ist.

Außerdem auf Reisen: mit 2 oder mehr Akkusätzen kann ich die geladenen mit den verbrauchten Akkus immer wieder tauschen.

Aber auch Menschen, die keine zentrale solare Heimstation haben, müssen so nicht an die Steckdose.

Bei mir sind ein paar Saugnapfhaken am Fenster – daran hängen Solarladegeräte und genauso hängen da die Solartaschenlampen – allzeit bereit für den nächsten Leuchteinsatz und alles wird immer dann, wenn die Sonne scheint, geladen.

Links oben im Bild (Abb. 4.3) ist das Miniladegerät zu sehen, daneben die auf Solarbetrieb umgebaute Dulux Taschenlampe, dann rechts eine weitere Taschenlampe mit Direktladeeinrichtung und unten das Schindelmodul der solaren Ladestation Typ 4.

4

Abb. 4.3 Solares Laden am Fenster

4.1 Enttäuschung bei gekauften Solarladegeräten, warum?

Vielleicht besitzt der eine oder andere ein gekauftes Solarladegerät und ist nicht so recht zufrieden damit?

Tja, es gibt da so manche Typen, die sind ein bisschen problematisch. Dies liegt oft daran, dass zum einen minderwertige Solarzellen verwendet wurden – oft sind's nur Solarzellensplitter und der Rest ist unter der wenig durchsichtigen Abdeckung dazugemalt.

Zum anderen liegt es an der Sperrdiode. Hier wollten die Hersteller sparen und haben anstatt der wirkungsvolleren Schottkydiode eine etwas billigere Siliziumdiode eingebaut, mit dem Erfolg, dass mindestens 0,4 V weniger Ladespannung zur Verfügung stehen!

Sollte dies der Fall sein, so könnt ihr die Diode einfach austauschen und das Ladegerät funktioniert besser. Was die Leistung der So-

Abb. 4.1.1 Gekauftes Solarladegerät

larzellen anbelangt, so kann man angeblich in diesen Ladegeräten z.B. 4 Akkus gleichzeitig laden – wenn ihr nur einen zum Laden reintut

4

ist es besser. Auch deshalb, weil die Gefahr besteht, dass durch die Parallelschaltung schlechte Akkus die besseren herunterziehen. Alle vier Akkuhalter sind nämlich parallel geschaltet und so muss die schon schwach dimensionierte Solarzelle leisten, was sie gar nicht kann.

4.2 Anfertigung von Mini-Solarmodulen

Für die hier vorgestellten Bastelwerke verwende ich eine Größe, die sowohl für die kleinen Ladegeräte wie auch für Taschenlampen, Messgeräte usw. eingesetzt werden kann. Der Vorteil, das Minisolarmodul passt ladetechnisch ideal zu einer Mignonzelle. Der Ladestrom beträgt 22 mA, sodass Dauerladung möglich ist. Ausserdem gibt es auch das fertige Teil preiswert als Restposten. (Bezugsquelle: Lemo-Solar Adr. Im Anhang)

Jede Solarzelle, die irgendwo rumliegt ohne im Einsatz zu sein, nützt nichts! Und selbst

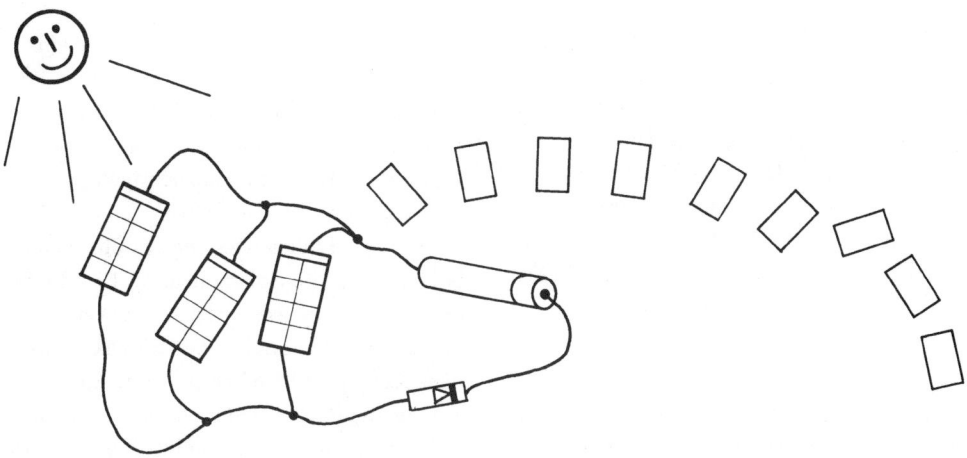

Abb. 4.2.1 Symbolische Darstellung

4

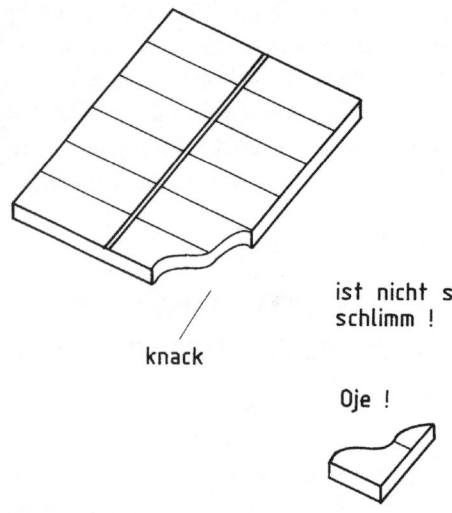

ist nicht so
schlimm !

knack

Oje !

Abb. 4.2.2

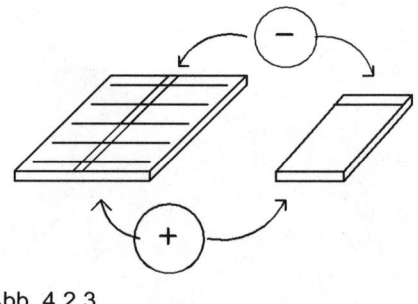

Abb. 4.2.3

Wenn aber mal irgendwo ein Eckchen fehlt, so ist das nicht so schlimm.

An der dem Licht zugewandten Fläche (dunkelblau) ist der Minuspol. Der Strom wird durch einen dünnen Rechen aus der Fläche oder einem schmalen Streifen am Rand abgenommen. Es gibt da etwas breitere, verzinnte Bahnen, an denen vorsichtig und möglichst kurz gelötet werden kann.

wenn sie im Laden rumliegt ...... auf den Basteltisch damit!! Nach dem Motto: Restposten, die nicht viel kosten... her damit.

Solarzellen können mit Spiritus, Alkohol oder destilliertem Wasser, vorsichtig gereinigt werden. Vorsicht! Sie sind sehr dünn und etwas bruchempfindlich. Anfassen am besten nur am Rand wie ein Foto oder eine CD.

Die Oberfläche sollte entweder mit Klarlack, Glas oder Plexiglas für den Gebrauch geschützt werden. Bei Aussenbetrieb ist die Randausbildung luft- und wasserdicht mit Acrylmasse zu verschließen. Die Größe der Zellen bestimmt den Strom. Die Spannung ist unabhängig von der Größe 0,45 – 0,5 Volt pro Zelle.

Beim Zusammenstellen des Minimoduls sollten die einzelnen Zellen also alle gleich groß sein. Die kleinste Zelle bestimmt den Strom.

Die Unterseite ist voll flächig silizium-silbern und kann überall, entsprechend vorsichtig und möglichst kurz, gelötet werden.

Zum Verbinden und Anschließen der einzelnen Zellen eignen sich verzinnte, hochflexible Kupferbandstreifen 1-2 mm breit, sog. Lötverbinder, die mit der Lötkolbenspitze kurz auf die Kontaktfläche gedrückt werden.

Für unsere Ladegeräte und Taschenlampen brauchen wir 5-6 Solarzellen, ca. 10 x 25 mm oder größer, in Reihenschaltung verbunden und auf eine Unterlage wie Pertinax, Epoxyd oder Kunststoffplättchen geklebt. Am besten mit einem Graphikkleber wie z.B. Fixogumm – der kann auch wieder gelöst werden – zur Not geht's auch mit dickerem doppelseitigem

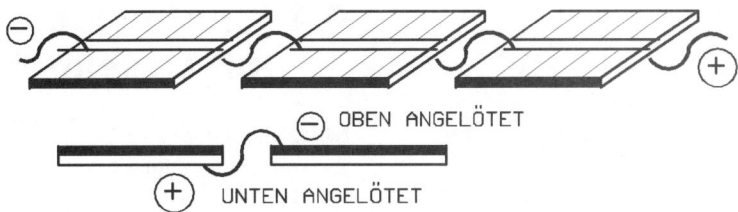

OBEN ANGELÖTET

UNTEN ANGELÖTET

Abb. 4.2.4

Abb. 4.2.5 Lötverbinder und Solarzellen

Klebeband aber Vorsicht – wenn es einmal klebt, ist es gelaufen!!

Bevor die Zellen aufgeklebt und versiegelt werden – noch einmal nachmessen ob die Kontaktierung in Ordnung ist.

Das Foto zeigt links die Kupferbandstreifen, daneben Solarzellenblättchen und zu einem kleinen Modul zusammengelötete Solarzellen.

4.3 Solares Miniladegerät

Es folgt: Das kleinste Solarladegerät der Welt, Ich nenne es so, weil es auf ein Minimum an Teilen und Aufwand beschränkt ist. Einfach das doppelseitige Klebeband auf den Akkuhalter geklebt, den Akkuhalter etwas außer der Mitte auf die Rückseite des Minimodules geklebt, um die Sommer- Winterstellung möglich zu machen – Minuspol vom Minimodul mit dem Akkuhalter verbunden. Pluspol des Ak-

4

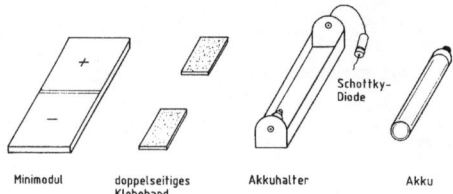

Minimodul   doppelseitiges   Akkuhalter   Akku
             Klebeband

Schottky-Diode

Für Winkelanpassung zur Sonne

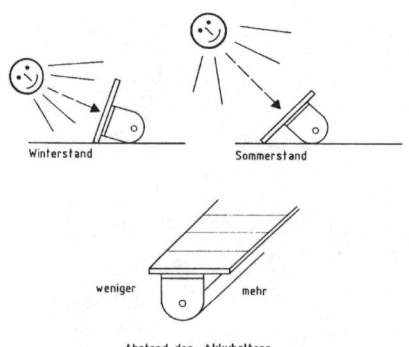

Winterstand   Sommerstand

weniger   mehr

Abstand des Akkuhalters

Abb. 4.3.1 Solares Miniladegerät

4.4 Komfortladegerät mit Ladekontrolle

Lader ähnlich wie vorher, jedoch mit Akku-zustandsanzeige unter Last.

Das Ladegerät können wir in ein würfelför-miges Sperrholzgehäuse einbauen. Die Kan-tenlänge richtet sich nach den Abmessungen der Mimimodule. Mein Prototyp hat eine Kantenlänge von 6,5 cm x 6,5 cm x5,5 cm, eine Seite ist kürzer für die Sommer-Winter-stellung.

Bei beiden Stellungen können wir mit den Tastschaltern jeweils den Akkuzustand des linken oder rechten Akkus abfragen. Die Akkuhalter werden am besten auf das Ge-häuse geschraubt. Die Minimodule können

kuhalters mit einer Schottkydiode (z.B. BAT 43) mit dem Minimodul verbunden – Achtung, Strich der Diode beim Akkuhalter, damit sich der Akku bei Nacht nicht wieder entlädt und vielleicht noch eine Schlaufe zum Aufhängen angelötet – und fertig ist es! Nun an ein sonni-ges Plätzchen stellen oder an das Fenster hän-gen und der Akku wird geladen!

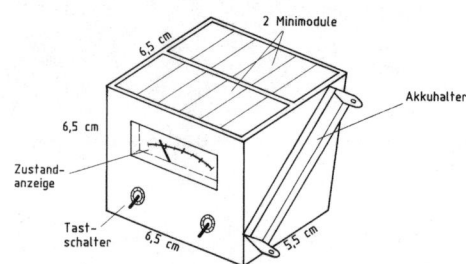

2 Minimodule

6,5 cm

Akkuhalter

6,5 cm

Zustand-anzeige

Tast-schalter

6,5 cm

5,5 cm

Abb. 4.4.1 Komfortladegerät

Sommer/Mittag   Winter/Morgen/Abend

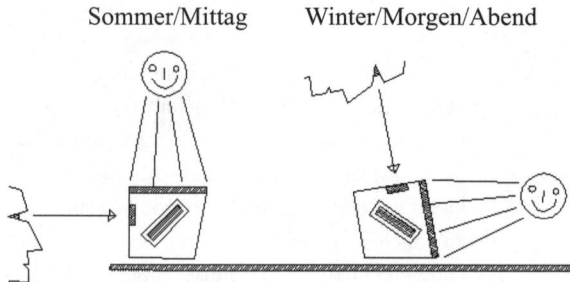

Abb. 4.4.2

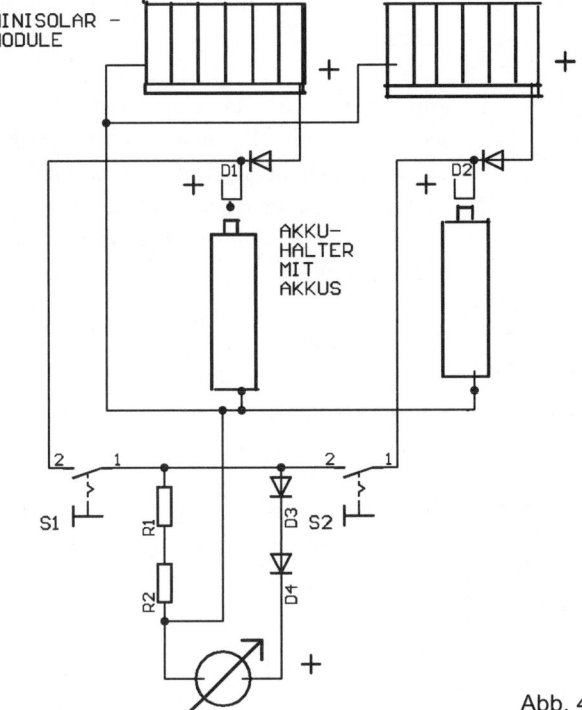

MINISOLAR -
MODULE

AKKU-
HALTER
MIT
AKKUS

Abb. 4.4.3 Schaltplan Komfortladegerät

mit doppelseitigem Klebeband montiert werden. Das Sperrholzgehäuse kann bis auf die Vorderseite verleimt werden. Die Vorderseite mit dem Messinstrument und den zwei Tastschaltern schrauben wir nach der Verdrahtung auf das Gehäuse.

Zur Verwendung kommen:
Sperrholz
2 Minimodule
2 Akkuhalter
D1 + D2 Schottkydiode, z.B. BAT 43
Messinstrument, hier 300 uA
Belastungswiderstände in Reihe je 1 Watt
R1 = 2,2 Ohm
R2 = 0,22 Ohm

D3 + D4, 2-3 Dioden zur Anpassung des Messinstrumentes an die Akkuspannung, z.B. 1N4148
Drahtbrücke für den Fall, dass öfters nur ein Akku geladen wird (dann laden beide Minimodule den einen Akku)
Ta 2 Taster (Schließer)

Beim Drücken der Taster wird der Akkuladezustand unter Belastung (durch die Widerstände R1 und R2) gemessen mit einem Strom von ca. 500 – 600 mA. Damit wird der Ladezustand realistisch angezeigt. Der zusätzliche Komforteffekt: mit den Tastern können die Akkus auch vollständig entladen werden, um den Memoryeffekt zu vermeiden.

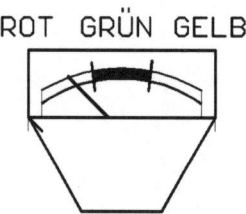

Abb. 4.4.4 Skalengestaltung

Akkus die nach dem mehrtägigen solaren Laden beim Drücken des Tasters sofort abstürzen, sind unbrauchbar geworden. Unter Umständen hilft es dann noch, die Akkus mit einem Impulsladegerät aufzufrischen.

Die Skala des Messinstrumentes wird noch entsprechend neu geeicht und eine neue Skala angefertigt, z.B. mit den Bereichen: leer (rot), gut (grün) und voll (gelb).

4.5 Ladeeinrichtung für zentrale Energiesysteme

Die in der Folge beschriebenen Ladeeinrichtungen sind für ein 12 Volt – System konzi-

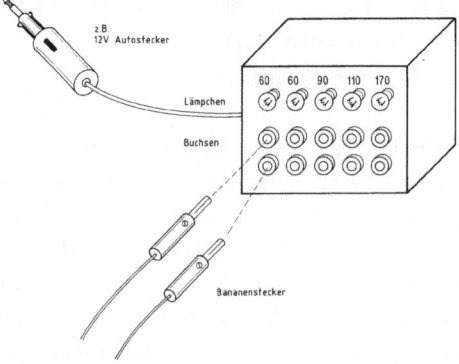

Abb. 4.5.1

piert, nach dem Motto – ganz einfach und zuverlässig!

Aus der Bastelkiste ein kleines Gehäuse – ein paar Bananensteckerbuchsen und Birnchen sowie eine Diode als Verpolungsschutz. Der Vorteil, die Birnen regeln den Ladestrom sehr konstant und zeigen gleichzeitig den Ladevorgang an.

Anwendungsbeispiel:

Birnchen	Ladestrom
L1 = 18 V 0,1 A	60 mA
L2 = wie L1	60 mA
L3 = 19 V 3 W	90 mA
L4 = 7 V 0,1 A	110 mA
L5 = 10 V 0,2 A	170 mA
D1 = SB 130	

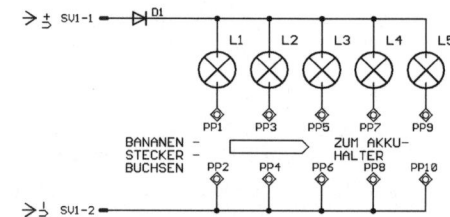

Abb. 4.5.2 Beschaltung

Gemessen an 12 V und bei der Ladung von NiCd – Mignonakkus. Im Prinzip können wir den Ladestrom anhand der Glühlampenwerte errechnen, muss aber nicht sein. Die oben beschriebene Box genügt, mit ein paar Birnenfassungen bestückt – und einfach die Birnchen ausprobiert. Mit einem Digitalmultimeter messen wir den Ladestrom direkt und wählen die entsprechenden Birnen aus. Dann das Ganze beschriften und in Zukunft nur noch einstecken und die Akkus laden.

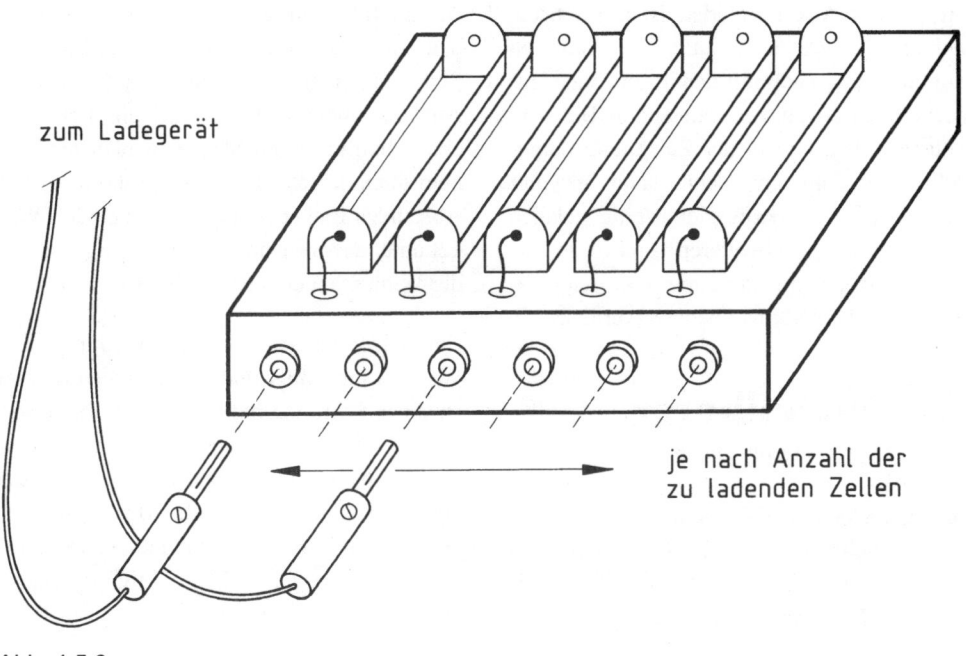

zum Ladegerät

je nach Anzahl der
zu ladenden Zellen

Abb. 4.5.3

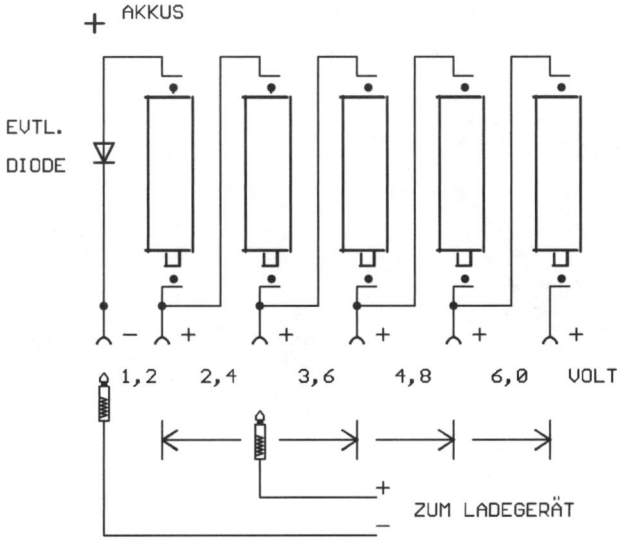

Abb. 4.5.4 Beschaltungsprinzip

4

Um mehrere Akkus zu laden, ist es praktisch, mehrere Batteriehalter auf eine Platte zu montieren und auch mit den 4 mm Bananensteckerbuchsen zu verbinden. Die Batteriehalter werden, wie in der Zeichnung dargestellt angeschlossen, dann kann gewählt werden, wieviel Akkus gleichzeitig geladen werden sollen. Des weiteren kann diese Akkubox zur Stromversorgung von Kleingeräten wie z.B. Walkman benutzt werden.

4.6 Verstellbarer Akkuhalter

Für das Laden von einzelnen Akkuzellen eignet sich sehr gut ein selbstgemachter, verstellbarer Akkuhalter, für Mono – Baby – Mignon – Mikro- und Sonderzellenformate.

An ein 4mm starkes Sperrholzbrettchen werden zwei 10x10 mm Leisten und an der einen Seite ein stabiler Messingwinkel befestigt. Auf der anderen Seite wird ein Langloch ebenfalls mit einem Messingwinkel mit langem unteren Schenkel und 2 Bohrungen mit Abstandsröhrchen 4 mm lang an einem Winkel unter der Sperrholzplatte befestigt, sodass der Winkel leicht verschiebbar ist.

Eine Feder aus der Bastelkiste wird unten am Winkel eingehängt und an der anderen Seite an einer Schraube befestigt. Zwei Dreiecksleisten werden oben auf das Sperrholzbrett aufgeleimt und dienen zur Führung der Akkus. Lötpunkte, Kerben oder Messingschrauben sind im Bereich der Akkukontakte so angebracht, dass sie zu Mini- Mignon- Baby- und Monoakkus passen.

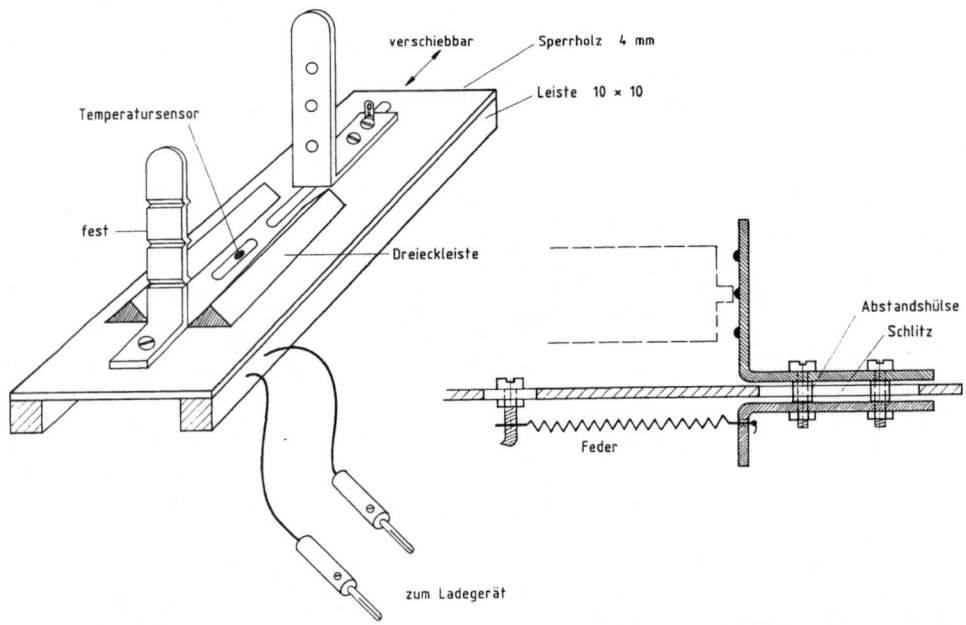

Abb. 4.6.1 Verstellbarer Akkuhalter

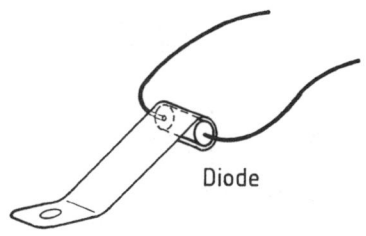
Diode

Metallfähnchen

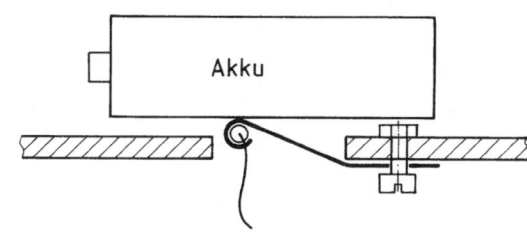
Akku

Abb. 4.6.2 Diode als Temperatursensor im Akkuhalter

Sinnvoll ist es, den Akkuhalter zusätzlich mit einer Temperaturabschaltung auszustatten.

Gerade wenn Akkus sehr schnell, d.h. mit höheren Strömen (1/5 – 1/2 der Kapazität) geladen werden, sollte das Warmwerden der Akkus vermieden werden.

Die Abschaltung kann mit einem Bimetallthermostat erfolgen, wobei es nach meiner Erfahrung schwierig ist, diesen für einen Temperaturbereich von 30 – 50 ° zu bekommen.

4.7 Elektronische Temperaturüberwachung

Hier wird eine einfache Elektronikschaltung eines Temperaturschalters beschrieben. Eine ordinäre Siliziumdiode wie z.B. die 1 N4148 eignet sich hervorragend als Temperatursensor (fast jede Siliziumdiode eignet sich als Temperatursensor). Die Schwellenspannung beträgt ca. 600 mV bei einem Durchlasstrom von 1 mA. Bei konstantem Strom verringert sich die Schwellenspannung um ca. 2 mV je 1 °C Temperaturerhöhung.

Die Diode wird mit einem kleinen Metallfähnchen umwickelt und im Akkuschacht montiert, sodass das Akkugehäuse beim Laden darauf liegt.

Mit der Temperaturschaltung kann ein Relais angesteuert werden, welches die Ladestromzuleitung unterbricht.

Auch ein Warnsummer und eine LED zur Anzeige des Temperaturzustandes können angeschlossen werden.

Zur Verwendung kommen:

R1 = 1,2 K

R2 = 4,7 K

R3 = 1 K, Trimmpoti

R4 = 4,7 K

R5 = 1,2 K

R6 = 2,7 K

Z   = Zenerdiode ZD 5,6

D1 = 1 N 4148, Temperatursensor

D2 = 1 N 4001

IC   = IC 741, Anschlussbelegungen siehe auch im Anhang

T   = BC 177 oder BC 307

Rel. Relais 12 V mind. 120 Ohm

1 Wechsler

4

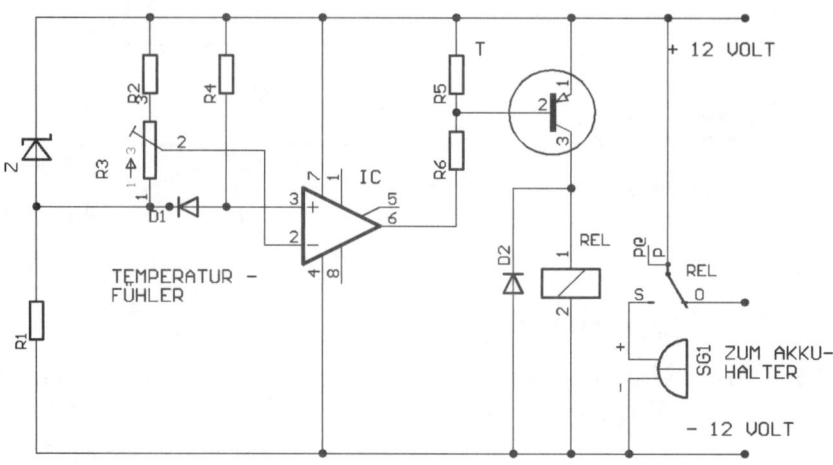

Abb. 4.7.1 Schaltplan Temperaturüberwachung

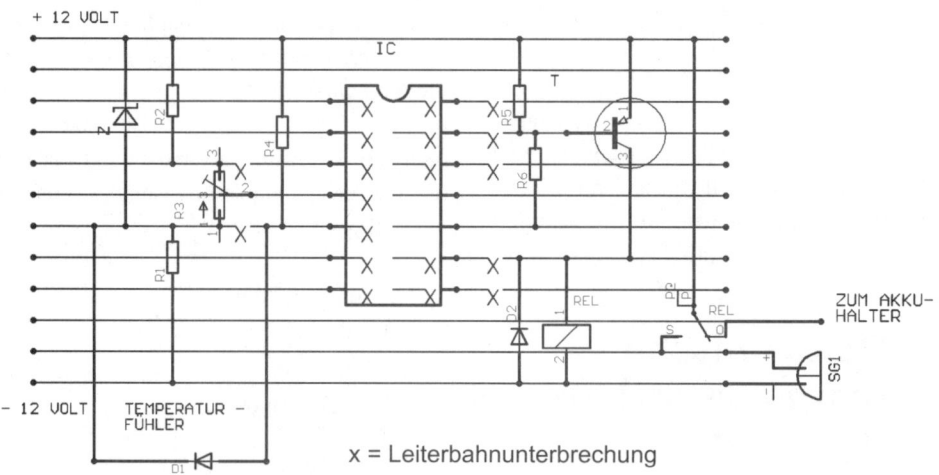

x = Leiterbahnunterbrechung

Abb. 4.7.2 Aufbau der Temperaturüberwachung auf einer Streifenrasterplatine

Eichen: auf ca. 40°C z.B.. mit Warmwasser und Fieberthermometer.

Vor dem Anschließen der Schaltung Trimmpoti in Mittelstellung bringen. Zum Ausprobieren den Trimmpoti Richtung R 2 drehen, bis Relais anzieht, dann wieder ein Stück zurückdrehen, bis das Relais gerade abfällt. Jetzt die Wärme-quelle in die Nähe von der Diode bringen z.B. den unteren Teil der Lötkolbenspitze (ohne die Diode zu berühren), das Relais muss jetzt anziehen und wenn die Wärmequelle wieder entfernt wird, wieder abfallen. Die Stromaufnahme (Ruhestrom/ Bereitschaft) beträgt ca. 6 mA, bei angezogenem Relais (abhängig von Relaistyp) ca. 20 – 50 mA.

Das IC 741 gibt es in verschiedenen Gehäuseformen (siehe auch im Anhang), es empfiehlt sich, nur die Beinchen anzulöten, die gebraucht werden. Zum einen ist die Orientierung beim Anlöten auf der Kupferseite der Platine leichter, zum anderen erleichtert es ein eventuell erforderliches Wiederauslöten.

4.8 Solares Laden von wiederaufladbaren Alkali-Manganbatterien

Wiederaufladbare Batterien machen groß von sich reden. Sie sollen überhaupt das Tollste sein – was ist denn nun wirklich dran ?

Schön ist, dass 1,5 V pro Zelle zur Verfügung stehen, auch die Energiedichte im Verhältnis zum Gewicht ist schon ganz gut. Kein Memoryeffekt und je nach Entladetiefe eine ganze Reihe von Ladezyklen. Wobei das mit den Ladezyklen so eine Sache ist. Ich finde es irgendwo logisch – wenn man einen Akku nur zu einem ganz kleinen Teil entlädt – dass es dann viel öfter möglich ist. Aber mal Hand aufs Herz. Gehen wir denn nicht davon aus – der Entladezyklus bedeutet, den Akku so ziemlich ganz zu entladen? Falsch – die Hersteller der wiederaufladbaren Batterie sagen – wenn die Batterie nur ganz, ganz wenig entladen wird, kann sie über tausende von Zyklen geladen werden.

Eigentlich doch ideal für die solare Anwendung – da wird ja ständig nachgeladen. Wenn diese Teile nur nicht so teuer wären .....

Doch nun zur konkreten Anwendung. Beim Hersteller und auch im Elektronikversand gibt es inzwischen Ladegeräte speziell für diese Batterien mit Impulsladeverfahren und allerlei Überwachungselektronik.

Das ist für unsere Low – Tech – Bastelfreude eigentlich nichts.

Letztendlich ist es bei den Alkali-Manganbatterien auf jeden Fall wichtig, die obere Grenze der Ladespannung einzuhalten.

Der Ladestrom sollte nicht mehr sein als C 1/10 bis max. C 1/5 d.h. 10 – 20 % der angegebenen Batteriekapazität.

Den Ladestrom zu begrenzen ist problemlos – da wählen wir einfach die entsprechende Solarzellengröße und damit das maximale Stromangebot aus.

Die Ladeendspannung können wir bei den geringen Strömen einfach mit einer Zenerdiode begrenzen. Sie sollte max. 1,65 bis allerhöchstens 1,7 V pro Batteriezelle sein.

Wird diese obere Ladungsspannungsgrenze (vor allem mit höheren Strömen), überschritten, so wird die Zelle zerstört. Am Minuspol tritt eine ätzende Flüssigkeit aus und das war es dann!

Zur Verwendung kommen:
Minisolarmodul oder Solarzellen entsprechend der Batteriekapazität (z.B. bei einer Batteriekapazität von 1800 mAh bis max. 90 mA Ladestrom)

D 1 = Schottkydiode, z.B. BAT 43 bis max. 100 mA Ladestrom

4

4

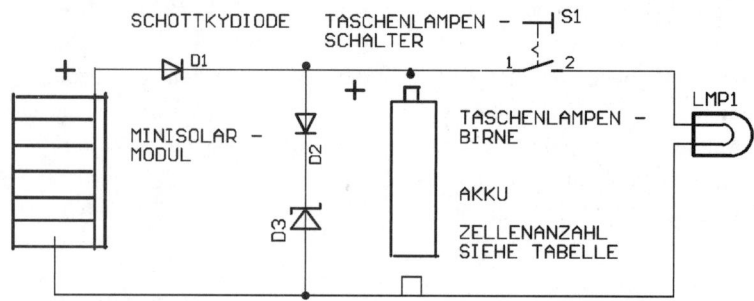

Abb. 4.8.1 Prinzipschaltbild

D 3 = Zenerdiode da wird's bei nur einer Batteriezelle etwas schwierig, da es keine Z 1,7 gibt. Daher der Trick mit der Diode D 2, z.B. einer 1 N 4001 welche die Zenerspannung von 1 V auf ca.1,6 V erhöht.

Wenn wir nur eine Zelle verwenden, können wir jede beliebige Zenerdiode anders herum verwenden, da die Sperrspannung von ca. 0,7 bis 0,8 V + die Diode D2 eine Spannungsbegrenzung von ca. 1,5 bis 1,6 V ergibt. Sinnvoll z.B. bei alten Zenerdioden von denen wir den Wert nicht kennen.

Bei 2 Batteriezellen in Reihe ist es schon einfacher. Wir verwenden dann eine ZPD 3,3 (passt genau).

Ein Solar- Minimodul ist dann aber von der Spannung her zu wenig, da sollten es schon 2 Module sein. Bei 3 Batteriezellen in Reihe reichen zwei der hier im Buch beschriebenen Solar- Minimodule aus und wir verwenden die ZPD 5,1 (geht gerade noch so).

Durch dieses einfache Ladeverfahren wird zwar die Leistungsfähigkeit der wiederaufladbaren Alkali-Manganzelle nicht zu 100 % ausgenutzt, wie beim Impulsladeverfahren, doch immerhin zu 80 % und dies ganz mitweltfreundlich!

Hinweis: Um die Alkali-Manganzelle möglichst lange nutzen zu können, ist es gut, nur bis max. 1,2 V zu entladen.

Tabelle für Ladeendspannungsregelung wiederaufladbare Alkali-Mangan

Zellenanzahl	Ladeendspannung	Zenerdiode	Zusatzdiode
1 1,5 V	1,65-1,7 V	ZPD / ZPY 1	1N 4001
2 3,0 V	3,3 V	ZPD / ZPY 3,3	-
3 4,5 V	3 * 1,7 = 5,1	ZPD / ZPY 5,1	-
4 6,0 V	4 * 1,7 = 6,8	ZPD / ZPY 6,8	-
5 7,5 V	5 * 1,65 = 8,2	ZPD / ZPY 8,2	-

ZPD bis max. 0,5 Watt Modulleistung   ZPY bis max. 1,0 Watt Modulleistung

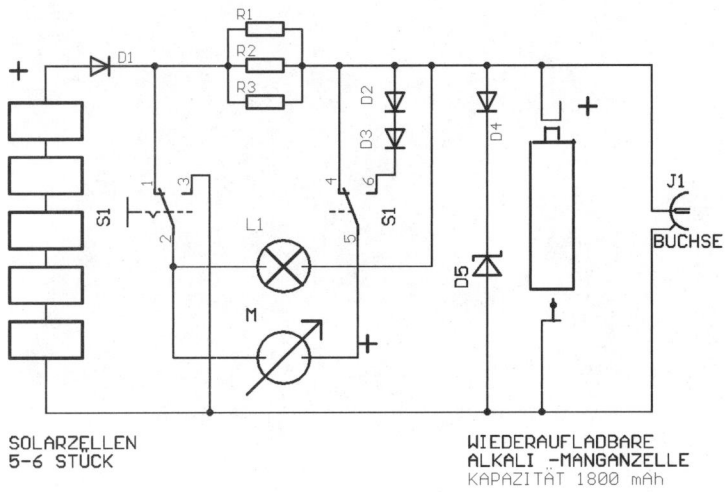

SOLARZELLEN
5-6 STÜCK

WIEDERAUFLADBARE
ALKALI -MANGANZELLE
KAPAZITÄT 1800 mAh

Abb. 4.8.2 Ladestrom – und Zustandsanzeige für eine wiederaufladbare Alkali – Manganzelle

Zur Verwendung kommen:

D1	=	Schottkydiode, z.B.. SB 130 (bis 1 A Ladestrom)
D2 , D3	=	Siliziumdiode 1 N 4148
D4	=	Siliziumdiode + N 4001
D5	=	Zenerdiode ZPY 1 (1 W)
R1	=	1 Ohm
R2	=	1,5 Ohm
R3	=	1,5 Ohm R1+R2+R3 = 0,43 Ohm
L1	=	Birnchen, 1,5 V; 0,3 A

Durch das Birnchen wird die Zellenspannung unter Last angezeigt

S1a + S1b = Umschalter 2x UM
M = Messinstrument ca. 300 uA
Solarzellen ca. 300 – 500 mA
Buchse, z.B. Chinchbuchse
Akkuhalter, Metallblech für Solarzellen und Teilemontage, Scharnierchen

Die Dioden D 3/ D4 sollten mit der Regelbaren Spannungs- Stromquelle vor der Ladeanwendung auf die praktische Spannungsbegrenzung hin abgeprüft werden, da die Zenerspannung u.U. abweichen könnte.

Abb. 4.8.3 Foto von der Rückseite des Ladegerätes

Auf dem Foto ist zu sehen:
Unten die Rückseite der Solarzellenplatte, die Scharnierchen, Umschalter (im Mustergerät

4

Abb. 4.8.4 Foto Solarer Alkali-Manganlader

gibt es noch einen zweiten Umschalter, der die Solarzellen in Reihe und parallel schaltet – dies hat sich aber nicht bewährt), Rückteil vom Messinstrument, Akkuhalter mit der aufladbaren Alkali-Manganzelle und rechts oben die Buchse für die Stromversorgung eines Kleingerätes.

Durch diesen Aufbau kann das Ladegerät mit verschiedenen Winkeln zur Sonne aufgestellt und zum Transport zusammen geklappt werden. Die Solarzellen wurden relativ groß (vom Strom her gesehen)gewählt, sodass die Zelle an 1 bis 2 Tagen locker geladen werden kann.

4.9 Mobile Solarsysteme

Im Anschluss sind einige Typen von mobilen Solarsystemen aufgeführt. Es stellt sich die Frage, warum so viele verschiedene Teile? Der Grund ist, ich bin viel unterwegs. Auf meinen Reisen im südlichen Europa gab es immer wieder unterschiedliche Situationen. Einige Male war ich mit der Bahn und mit dem Flugzeug unterwegs. Da musste das Gepäck von der Menge und dem Gewicht stimmen. Dann gab es Situationen im Süden, bei denen kein elektrischer Strom vorhanden war. Alle 4 Typen lassen sich entsprechend der jeweiligen Bedürfnisse nachbauen. Die Messeinrichtungen sind im Detail im Kapitel – Zustandsanzeigen beim solaren Laden von Akkus, und die Ladeeinrichtung ist im Kapitel über Ladegeräte beschrieben.

Abb. 4.9.1 Foto v. l. n. rechts: Solarkoffer Typ 1, Typ 2 und Typ 3 (Powerbox)

4.10 Solarkoffer Typ 1

Für die erste Stromlieferung war der Solarkoffer Typ 1 eine praktische und ausreichende Stromversorgung. Auch ist da noch genug Platz für Kleingeräte, Werkzeuge und Unterlagen. Der Koffer ist ausgestattet mit 2 Solarmodulen, einem 12 Volt, 7 Ah Bleigelakku, Akkuspannungs und Ladestromanzeige und einer Unterspannungsabschaltung sowie verschiedenen Buchsen zum Anschluss von Geräten.

Der Akku und die Ladeüberwachung können aus dem Koffer herausgenommen werden, so dass der Koffer zum Laden auch ins Freie gestellt werden kann und sich die Akkus und die Ladeüberwachung im Zelt oder Haus befinden können.

4.11 Solarkoffer Typ 2

Typ 2 ist eine etwas reduzierte Ausführung für den schnellen Einsatz unterwegs, auch gut geeignet für die Baustelle. Ich habe da einen

Sperrmüllkoffer genommen – ein Solarpaneel mit doppelseitigem Klebeband draufgeklebt und eine umschaltbare Spannungs – Stromüberwachung mit weiteren Buchsen eingebaut, das Ganze mit einer Steckverbindung an den Akkuladehalter der Akkubohrmaschine angeschlossen und zwar so, dass der Akku auch für andere Verbraucher genutzt werden kann. Jetzt ist es möglich, auf der Baustelle zu arbeiten, den Schrauberakku mit Hilfe der Sonne aufzuladen, und auch andere Verbraucher wie z.B. eine Lampe oder ein Radio zu betreiben. Auch ist noch genügend Platz für Werkzeuge und Kleinteile im Koffer.

4

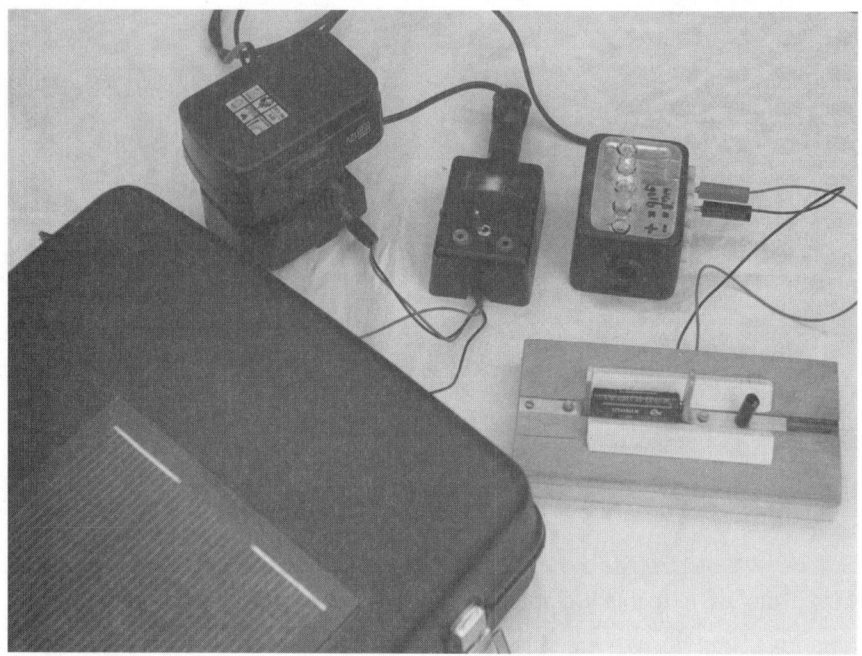

Abb. 4.11.1 Solarkoffer Typ 2 mit Ladeeinrichtungen

4.12 Powerbox

Typ 3, die Powerbox, war eines meiner ersten Produkte der solarmobilen Stromversorgung mit der Motivation, eine vom Stromnetz unabhängige Energiequelle zu haben, die von der Sonne nachgeladen wird. Ich hab sie für einen Baukurs – für Jugendliche – entwickelt und zwar für die solare Schreibtischlampe zu Hause, für das Zeltlager, für die Geschirrhütte und den Garten. Die Powerbox kann ständig am Fenster stehen und der Akku wird geladen bzw. voll gehalten. Sie kann wie das Komfortladegerät in Sommerstellung (flach) und in Winterstellung (steil) aufgestellt werden. Bestückt ist sie mit einem 12 V, 7 Ah Bleigelakku, einem 3,5 Watt Solarmodul, umschaltbarer Lade – und Akkuüberwa-

Abb. 4.12.1 Solarpowerbox

56

chung, 12 V KFZ und Bananensteckerbuchsen und einem 20 W Scheinwerfer mit Schalter.

4.13 Ladestation

Typ 4 das neueste Bastelwerk, ist ganz leicht und klein, auf das Nötigste reduziert. Ein System für Fuß – und Fahrradreisende und Wanderungen.

Die Ladestation ist mit einem herausnehmbaren Solarmodul ausgestattet, welches z.B. hinten am Rucksack oder am Zugfenster oder am Fahrrad aufgehängt werden kann. Sie ist mit 5 Mignonakkuhaltern bestückt, die über 2 mm Buchsen flexibel verschaltet werden können. Außerdem mit 2 Messinstrumenten zur Ladestrom- und Akkuzustandsanzeige

und mit verschiedenen Adapterkabeln für den Betrieb und zum Laden von Kleingeräten wie z.B. Walkman, Taschenlampe, Fahrradlampe, Rasierapparat, Wecker, Radio, Funkgerät usw.

Auf dem Foto ist zu sehen: links das herausnehmbare Solarmodul in Schindeltechnik (6 V, 180 mA; Liefernachweis Fa Lemo-Solar), d.h. die einzelnen Solarzellen sind wie ein Schindeldach übereinandergelötet. Abgedeckt mit einer Plexiglasscheibe und Randabdichtung.

Oben am Modul ist ein Scharnier mit Druckknopf angebracht – zum einen als Verschluss an der Ladestation – zum anderen zum Aufhängen z.B. mit einem Saugnapf am Fenster.

Das Gehäuse wurde aus 0,5 mm dickem Sperrholz (erhältlich in Modellbaugeschäf-

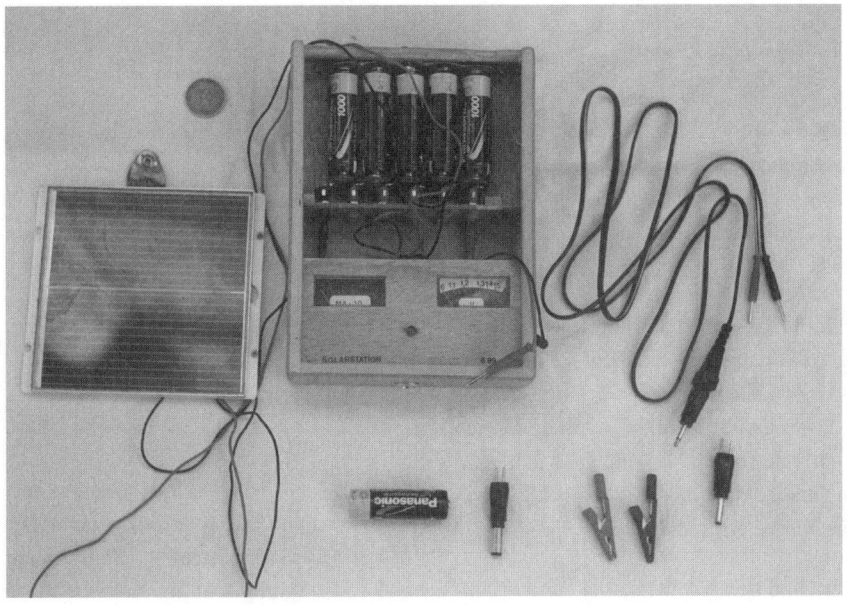

Abb. 4.13.1 Solarstation Typ 4 mit Adapterkabel

4

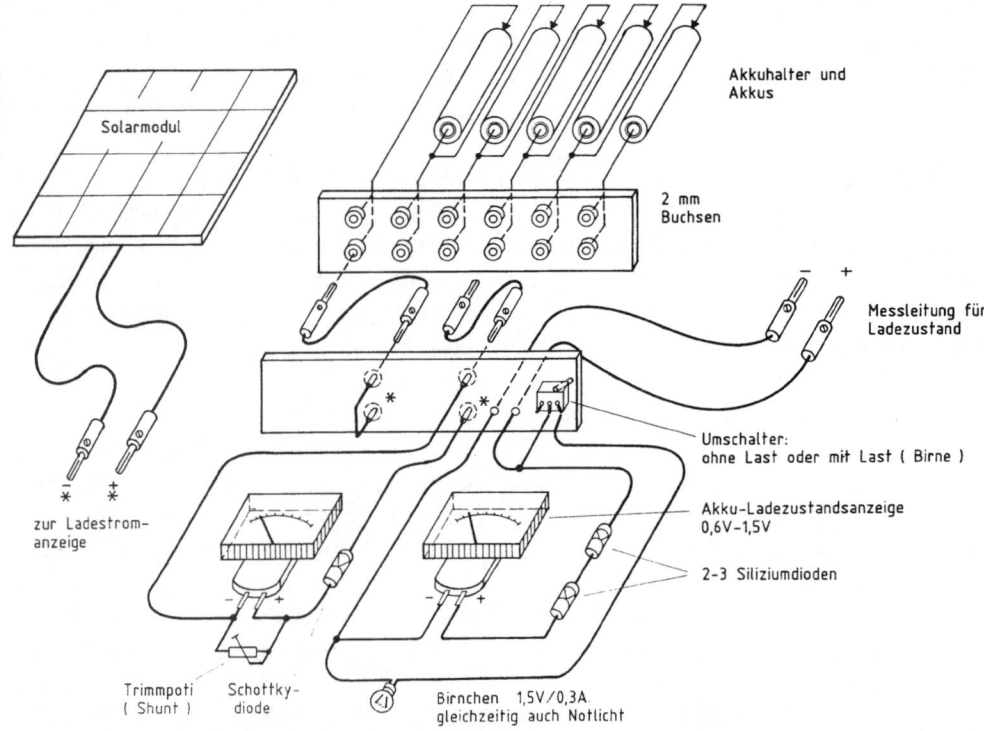

Solarmodul

Akkuhalter und
Akkus

2 mm
Buchsen

– +

Messleitung für
Ladezustand

Umschalter:
ohne Last oder mit Last (Birne)

Akku-Ladezustandsanzeige
0,6V–1,5V

2-3 Siliziumdioden

zur Ladestrom-
anzeige

Trimmpoti
(Shunt)

Schottky-
diode

Birnchen 1,5V/0,3A.
gleichzeitig auch Notlicht

Abb. 4.13.2 Isometrisches Schaubild der Anschlußverdrahtung

ten) – mit 5x5 mm Leisten verstärkt, die zugleich als Führungsschiene für das Solarmodul dienen, zusammengeleimt. Es ist dadurch sehr leicht und stabil.

Die Abmessungen sind: 3,5 cm x 12 cm x 16 cm. Weiterhin zu sehen sind die 2 mm Buchsen, die Akkuhalter mit 1000 mA NiCd Akkus. Es sind immer jeweils 2 Buchsen pro Akkupol, um gleichzeitig zu laden und einen Verbraucher betreiben zu können. Auch kann dadurch jeder einzelne Akku von der Spannung her überwacht werden.

Weiterhin sind die Adapterkabel und Adapterstecker im Bild zu sehen. Damit ist es z.B.

auch möglich das Solarmodul direkt in eine Taschenlampe einzustecken. Zwischen den Buchsen und den Messinstrumenten ist noch genügend Platz, um das Solarmodulkabel und das Adapterkabel unterzubringen.

Das eingebaute Birnchen mit 1,5 V / 0,3 A dient zum einen zur Ladezustandsanzeige unter Last und kann auch als Notlicht verwendet werden.

Die Verdrahtung ist in Form einer Isometrie dargestellt. Ladestrom- und Spannungsmesseinrichtung sind im Kapitel Zustandsanzeigen ausführlich beschrieben.

Audioanlagen, solarstrom-
betrieben

Auch vor der Musik macht die Sonne nicht halt!

Im Handel gibt es inzwischen auch schon einige kleine Solarradios mit eingebauten Solarzellen, die aber meist etwas zu schwach dimensioniert sind, um die Radios wirklich praxisgerecht betreiben zu können.

Also, so finde ich, gibt es da auch noch ein Aufgabenfeld.

Im Prinzip ist es das gleiche wie bei den Taschenlampen. Jede Anlage, die mit Batterien oder am Autoakku betrieben werden kann, kann auch für den solaren Betrieb durch den Einbau von Akkus verwendet werden.

Wie bei den Taschenlampen könnten wir unterscheiden zwischen Direkt- Solarbetrieb und Akkubetrieb mit Anschlussmöglichkeit an ein zentrales System.

5.1 Solarradios

Nachfolgend eine einfache Schaltung eines kleinen, direkt solarbetriebenen Radios, ein Detektorempfänger mit nachgeschalteter Verstärkerstufe.

Zur Verwendung kommen:
Spule = HF Spule für Mittelwelle mit Kern
R 1 =   100 K
C 1 =   Drehkondensator 500 pF mit Dreknopf
C 2 =   3,3 uF 15 V

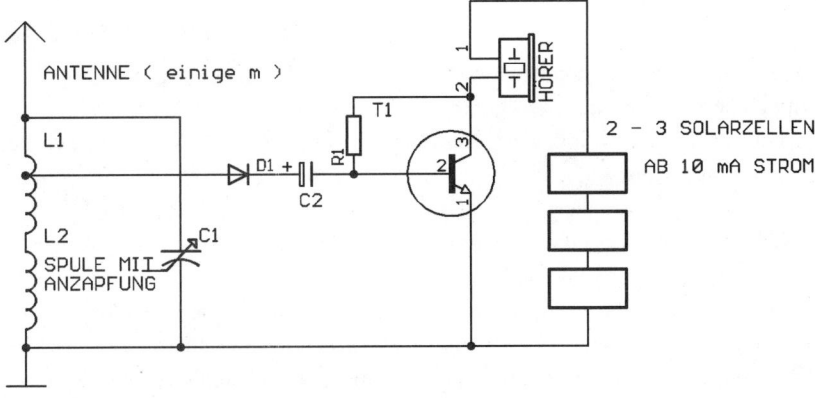

Abb. 5.1.1 Dedektorenempfänger mit Solarstromversorgung

5

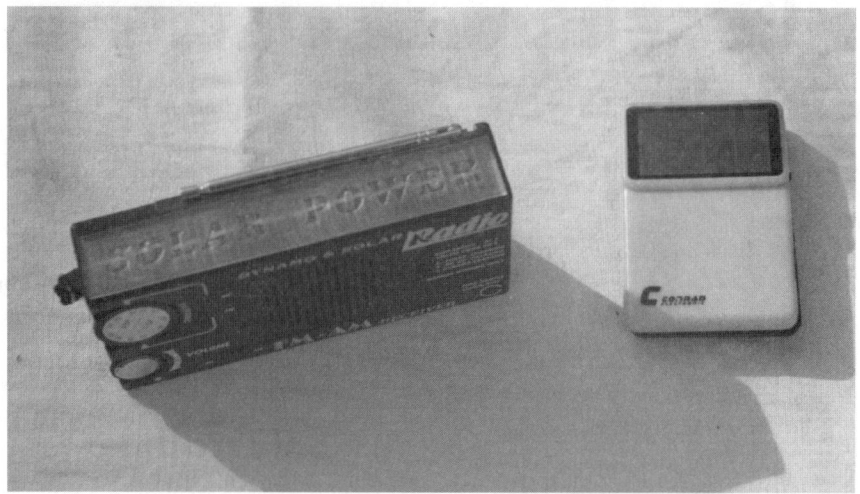

Abb. 5.1.2 Käufliche Solarradios

D 1 = Germaniumdiode, z.B. OA 80, OA
       81, OA 180
T 1 = Transistor BC 237
Hörer = Telefonkapselhörer
Solarzellen: 2-3 Stück, Stromlieferung ab 10
mA

Mit dem einfachen Radio könnt ihr 1-2 starke
Mittelwellensender in guter Lautstärke emp-
fangen.

Mit der Antenne muss etwas experimentiert
werden, um den besten Empfang zu erhalten,
ich hab sie bei mir einfach an einen Pol der
Heimsolaranlage angeschlossen.

Links im Bild der Abb. 5.1.2 ein ziemlich
witziges Teil. Es ist mit Solarzellen und einer
aufklappbaren Handkurbel ausgestattet, wo-
mit die eingebauten Akkus aufgeladen werden können. Ansonsten bietet es UKW und
Mittelwelle mit Lautsprecher.

Das rechte hat mich viele Jahre auf Reisen
begleitet und hat auch wirklich gut und auss-
chließlich mit Sonnenladung funktioniert. Es
ist ausgestattet mit UKW Stereo und Mittelwelle über Kopfhörer.

Die Antenne funktioniert über das Kopfhö-
rerkabel.

5.2 Heimanlage mit 12 Volt Betrieb

Das letzte Mal, als ich von einer Reise aus
dem Süden heimkam, hatte ich keine Stereo-
anlage mehr um Musik zu hören und ich
wollte mir auch keine mehr kaufen . Was ich
noch hatte, war ein alter Autoendverstärker,
ein sog. Booster und einen Walkman mit ein-
gebautem Radio. Mit Lautsprecherboxen
vom Sperrmüll und ein paar Teilen hab ich
mir dann daraus folgendes gebastelt.

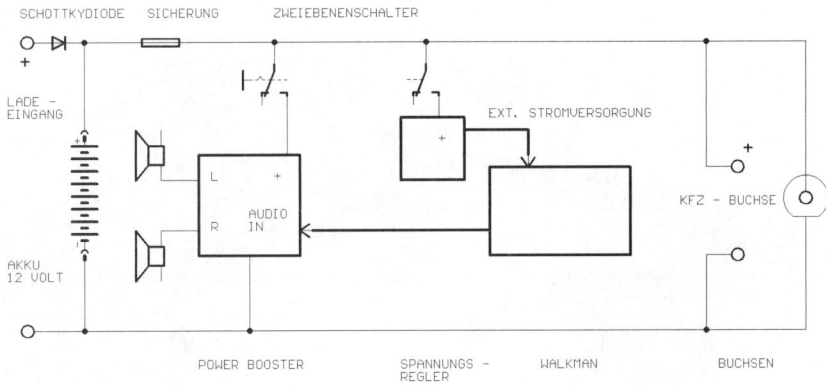

Abb. 5.2.1 Prinzip Heimstereoanlage

In eine Holzkiste hab ich den Autoverstärker und einen Bleigelakku gestellt sowie ein senkrechtes Brettchen mit Anzeigeinstrument, Schalter und Buchsen. Der Walkman steht außerhalb, da er auch öfters anderswo benutzt wird, ist aber über Steckbuchsen mit der Anlage verbunden. Die Stromversorgung wird mit dem gleichen Schalter wie die Anlage über einen Spannungsregler geschaltet.

Weiterhin sind da noch Bananensteckerbuchsen und eine KFZ – Buchse für diverse Verbraucher.

Abb. 5.2.2 Heimstereoanlage mit Solarstromversorgung

5.3 Stereoanlage für unterwegs mit Akkubetrieb

Die solar betriebene Heimanlage hat mir soviel Spaß gemacht, dass ich gleich darauf noch was Leichtes zum mitnehmen haben wollte. In einer Sonderliste habe ich total günstige, sog. Aktivlautsprecher zum Anschließen an den Computer, entdeckt.

Ich habe einen 7,2 V Restpostenakku eingebaut, obwohl am Gleichrichter 12 V zu messen waren und das Gerät hatte unverändert gute Leistung. Im Gegensatz zu vorher war der deutlich hörbare Brumm jetzt verschwunden, .d.h. die Musikqualität war nach dem Umbau deutlich besser!

Für den Fall, dass ein werkseitiger Batterie- bzw. Akkubetrieb nicht vorgesehen ist, ist es möglich, wie im Beispiel aufgeführt, hinter dem Gleichrichter die Ladebeschaltung und einen Akku anzuschließen.

5

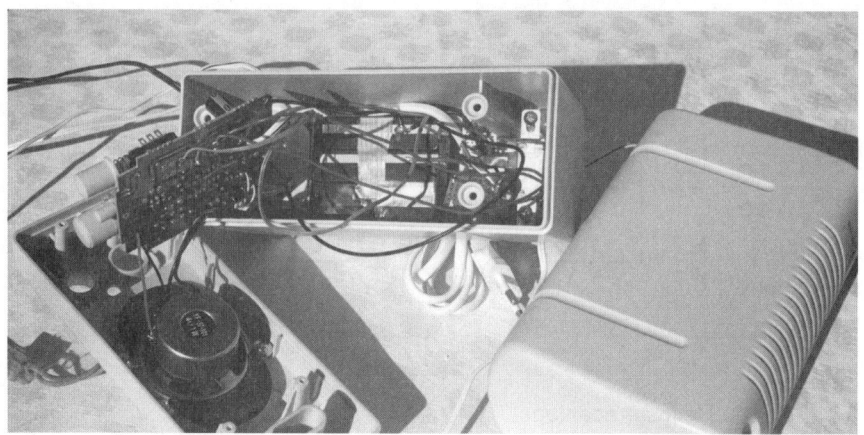

Abb. 5.3.1 Innenansicht der Aktivboxen mit Akkuversorgung

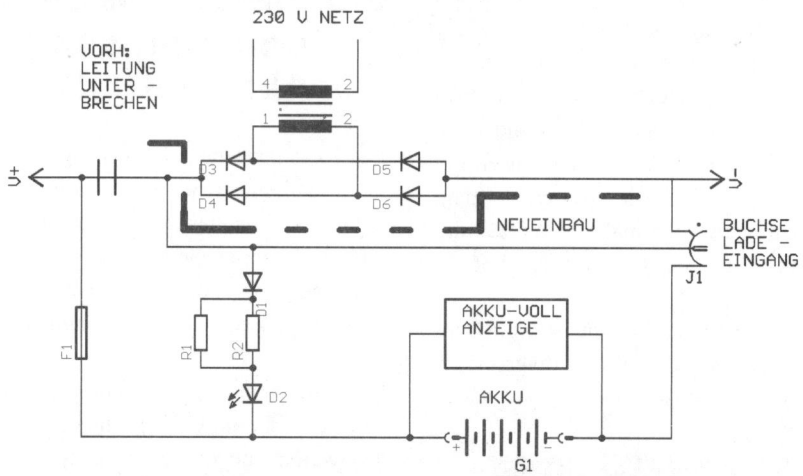

Abb. 5.3.2 Beschaltungsprinzip des „Eingriffs" bzw. Umbaus

Es ist zu beachten: beim Eingriff in das Gerät erlischt ein eventuell bestehender Garantieanspruch!

Achtung: Vorsicht im Umgang mit Netzspannung ist geboten – so einen Eingriff sollten nur Fachleute vornehmen. Vor dem Ausein-anderbau des Gerätes ist unbedingt der Netzstecker auszustecken.

Nach dem Umbau kann der Akku sowohl anhand des eingebauten Netzteiles als auch über die 12 V Ladebuchse geladen werden.

Der obere Teil des Beschaltungsprinzipes zeigt den im Gerät vorhandenen Einbau. Unterhalb der gestrichelten Linie ist der Neueinbau dargestellt. Die Ladeschaltung des Akkus ist mit Widerständen und Leuchtdioden realisiert.

Zur Verwendung kommen:

D 1 = Siliziumdiode wie 1 N 4001 (bis 1 A Ladestrom)

LED = Leuchtdiode

Sicherung je nach Betriebsstrom 0,5 A ist meist o.k.

R 2 = Vorwiderstand für die LED 10 mA

R 1 = Ladestrombegrenzung

Tabelle für die Dimensionierung von R 1 und R 2 und die Bauanleitung für die Akku-voll-Anzeige, siehe Kapitel Akkutaschenlampen – integrierte Ladeschaltung.

Die beiden Leuchtdioden für die Anzeigen und die 12 V Ladebuchse können im hinteren Teil des Gehäuses in der Nähe des neu eingebauten Akkus montiert werden.

5

5.4 Drahtloses Telefon mit Solarladeausstattung

Die Idee, das Mobilteil des drahtlosen Telefons mit Solarzellen auszustatten, kam daher: Freunde von mir hatten so ein Teil, waren aber gar nicht damit zufrieden, da immer wenn sie längere Zeit im Garten waren, die Akkus leer waren und das Telefon der Aufgabe im Garten erreichbar zu sein nicht gerecht wurde!

Also was liegt näher – als die Akkus für die Gartenanwendung solar zu puffern.

Abb. 5.4.1 Drahtloses Telefon mit Solarladeausstattung

5

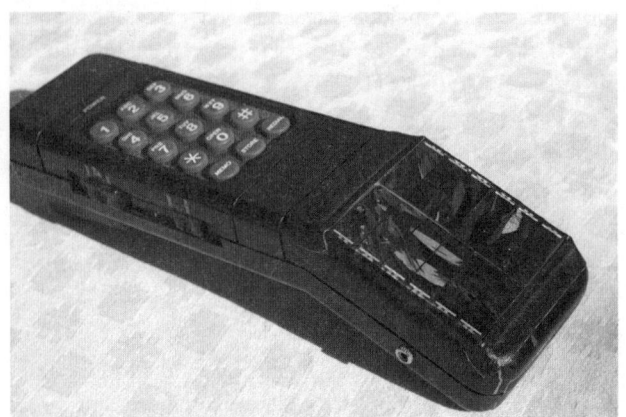

Abb. 5.4.2 Minisolarmodule
am drahtlosen Telefon

Das Gehäuse bot sich dafür an, zwei Minimo-dule (wie im Buch beschrieben) auf die schräge Rückseite aufzukleben und über eine Schottkydiode an die Akkus anzuschließen. Das Gerät ist mit drei Akkuzellen ausgestattet, sodass der Aufwand sehr gering ist.

Bei all den Geräteumbauten ist zu bedenken, dass eine evtl. noch zu erwartende Garantie-leistung bei einem Eingriff in das Gerät ver-fällt. Dies spielt natürlich bei Restposten, die sehr preiswert sind, nicht die Rolle. Speziell bei dem kabellosen Telefon, bei denen kein Eingriff vorgenommen werden sollte, ist es gut vorstellbar, einen zweiten Ladehalter mit Solarzellen ausgestattet, beispielsweise für die Gartennutzung, aufzubauen.

5.5 Walkman und CD-Player, solarbe-trieben

Bei Walkman und CD-Player gibt es in aller Regel eine Ladebuchse, an der die Solarlade-einrichtung angeschlossen werden kann. Dummerweise schaltet, sobald der Ladestek-ker eingesteckt wird, die Ladebuchse die in-terne Batterie ab. Aber auch da ist es mög-lich, eine extra Einheit – bestehend aus – Akkus und kleinen Solarmodulen extern auf-zubauen und in den Walkman einzustecken, um dann einen Betrieb zu haben, bei dem der Walkman von den Akkus versorgt wird und die Akkus gleichzeitig von der Sonne aufge-laden werden können.

Hierzu eignen sich ganz besonders gut die schon beschriebenen wiederaufladbaren Al-kali – Manganbatterien, siehe Kapitel „Solare Ladeverfahren"

5

Abb. 5.5.1 Gleichzeitiger Betrieb und Solarladung für den Walkman

Zubehör und Extras

6

6.1 Solarzellenexperimentierbrett

Gerade bei Solarzellen aus Restposten ist es spannend, welche Leistung herauszuholen ist. Dazu habe ich mir eine Einrichtung gebastelt und mit verschiedenen Solarzellen bestückt. Die Zellen sind an der Unterseite mit den ebenfalls auf dem Brett montierten Bananensteckerbuchsen verdrahtet. An der Frontseite können z.B. Messinstrumente, auch an Bananensteckerbuchsen angeschlossen, montiert werden, sodass durch Umstecken die verschiedenen Zellen bei gleichen Lichtverhältnissen getestet und geprüft werden können. Mit dem hier vorgestellten Akkuhalter können auch Akkus geladen werden. Klasse ist es z.B. auch, unterschiedliche Kleinmotoren in Verbindung mit den Solarzellen zu testen. Wir können schnell ermitteln, welcher Motor bei welchen Lichtbedingungen anläuft, usw.

Durch die Steckverbindungen ist es möglich, auch die vorhandenen Zellen parallel oder in Reihe zu verschalten, um damit einen höheren Strom oder eine höhere Spannung zu erhalten.

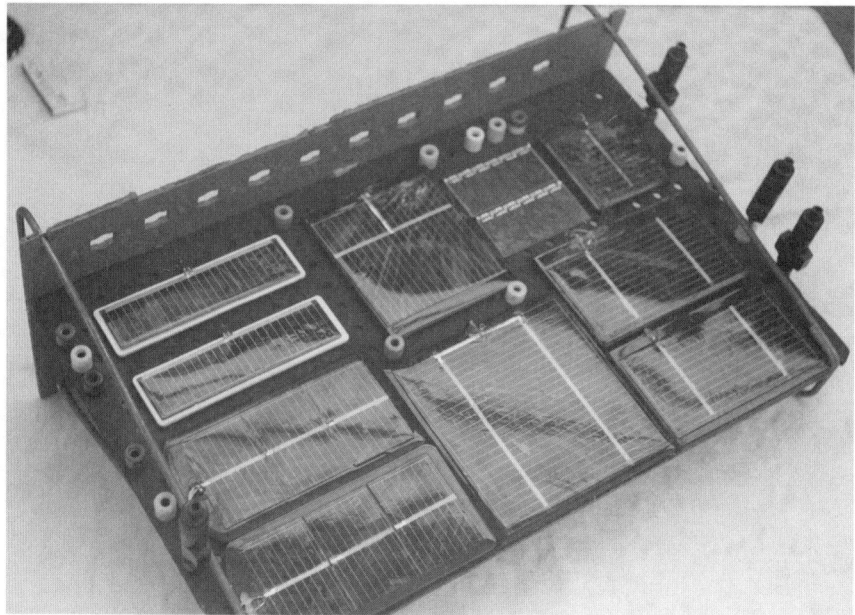

Abb. 6.1.1 Solarzellenexperimentierbrett

6.2 Solarstromversorgung für Fahrradtacho und Messgeräte

Fahrradtacho

Fahrradtachos gibt es schon total preiswert, wenn dann allerdings die kleine Knopfzellenbatterie leer ist, zeigt sich, dass eine Ersatzbatterie in etwa soviel kostet wie der Fahrradtacho (vielleicht war er deshalb so preiswert ?). So ist es mir ergangen und ich hatte keine Lust, wieder eine neue Batterie zu kaufen. Zudem es eine Spezialbatterie mit 3 V sein sollte. Mit dem Fahrrad bist du viel in der Sonne – also was liegt näher, als eine dauerhafte Solarstromversorgung zu basteln. Im Prinzip ist es möglich, einfach ein Minimodul direkt an den Fahrradtacho anzuschließen – dann sind eingegebene Daten wie Uhrzeit oder Gesamtstrecke aber spätestens am nächsten Morgen entschwunden! Um die eingefangene Energie zu puffern, ist es eine gute Lösung den Fahrradtacho mit einem Kondensator – am besten mit einem Gold Cap – auszustatten. In meinem Fall ist der Batterieschacht groß genug, um einen 1 F Gold Cap unterzubringen. Das Minimodul habe ich direkt am Fahrradlenker befestigt, möglich wäre auch eine Befestigung seitlich am Fahrradtacho. Oder besonders schön, Solarstromversorgung über extra Schleifkontakte zum Halter.

Damit sich der Gold Cap nicht über die Solarzellen entlädt, braucht es noch eine kleine Schottkydiode dazwischen.

Für den, der die Überbrückungszeit des Gold Cap für den Fahrradtacho oder andere Messgeräte berechnen möchte, hier die Formel:

$$T = \frac{(U1 - U2) \times C}{I}$$

T = Überbrückungszeit in sec.
U1 = Ladespannung in Volt
U2 = Zulässige Minimalspannung des Gerätes in Volt
I = Stromaufnahme des Gerätes in Ampere
C = Kapazität des Gold Cap in Farad (F)

Beispiel für den Fahrradtacho:
Stromaufnahme Fahrradtacho: 0,05 mA
Minimalspannung: ca. 1 V
Ladespannung mit Minisolarmodul: ca. 3 V
Kapazität von Gold Cap: 1F

Wir errechnen: Differenz von U1 und U2 = 2 V x 1 F / 0,00005 = 40.000 sec.

Um auf die Stunden zu kommen, teilen wir durch 3600 und erhalten damit 11,11 Stunden Überbrückungszeit.

Steht das Fahrrad mit dem solarbetriebenen Fahrradtacho im Freien, so reicht diese Zeit aus, um den Gold Cap über Tag wieder aufzuladen:

Digitalmessgerät

Dasselbe Thema hatte ich bei einem sehr preiswerten kleinen Digitalmessgerät. Dieses war mit zwei 1,5 V Knopfzellen ausgestattet, die relativ zügig leer waren!

Da war es aber so, dass die 2 x 1,5 V extra gebraucht wurden (Dual-Stromversorgung). Mit einem einfachen IC wie z.B. mit dem IC

6

6

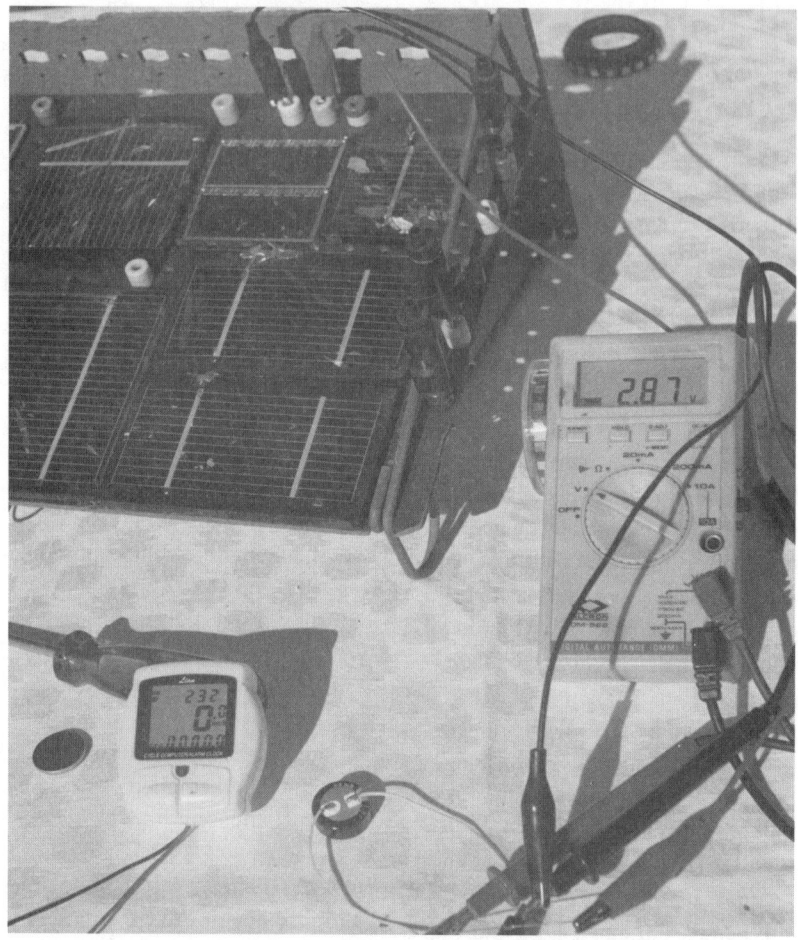

Abb. 6.2.1 Fahrradtacho – Zu sehen ist hier das Solarzellen – Messbrett, mit deren Hilfe der Gold Cap im Versuch geladen wurde, ganz links die Originalbatterie, daneben der Fahrradtacho und der noch nicht eingebaute Gold Cap, rechts der digitale Multimeter mit Anzeige der momentanen Ladespannung

741 hätte ich da was basteln können aber ich habe zwei Minimodule dran gemacht – dafür ohne Energiespeicher. Das Messgerät arbeitet, sobald das Licht an ist – schon mit der Arbeitsplatzbeleuchtung – so muss es auch nie mehr aus- und eingeschaltet werden!

Die Leistung des Minimoduls ist sehr üppig für den geringen Stromverbrauch des Messgerätes, d.h. es könnten auch kleinere Zellen oder auch amorphe Solarzellen verwendet werden.

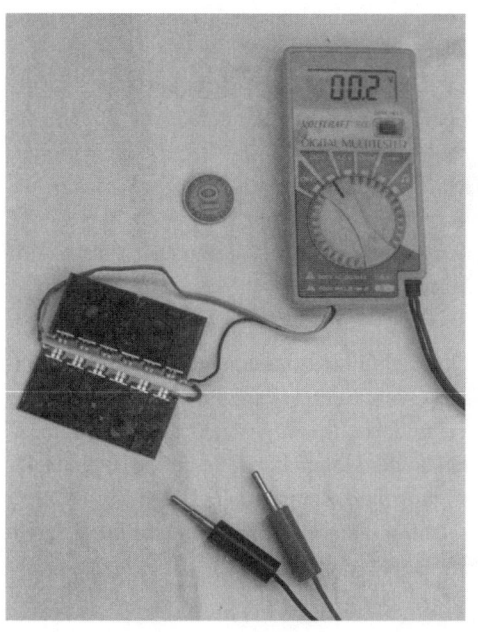

Abb. 6.2.2 Solarstrombetriebenes Digital-messgerät

6.3 Sonnennachführung Marke einfach und billig

6

Zum einen gibt es ja die raffinierten Nachführungen mit einem Solargetriebemotor und zwei antiparallelen Solarzellen, der Motor dreht sich dann so lange, bis beide Solarzellen direkt zur Sonne stehen.

Was ich hier beschreiben möchte, ist jedoch eine andere Idee.

Ich hatte ein elektrisches Einbauuhrwerk und dachte, damit müsste sich doch was machen lassen. Dummerweise dreht sich der Stundenzeiger zwei Mal in 24 Stunden.

Also habe ich nach 2 Zahnrädern aus der Bastelkiste geschaut, die eine Untersetzung von 2

Abb. 6.3.1 Sonnen-nachgeführtes Komfortladegerät

6

zu 1 bewirken. Auch dachte ich an eine Poti-untersetzung, die untersetzt jedoch meist mehr. Das eine Zahnrad (20 Zähne) hab ich soweit aufgebohrt, dass es auf die Stundenachse des Uhrwerkes passt und es mit 2-Komponentenkleber draufgeklebt. Das andere Zahnrad (40 Zähne) wurde auf eine 4 mm Achse montiert und diese wiederum in eine Bananensteckerbuchse gesteckt. Die Buchse ist in einer Aluplatte montiert und die Aluplatte, mit einem Loch versehen, auf das Zentralgewinde des Uhrwerks geschraubt. Durch die Untersetzung hat sich jetzt aber die Drehrichtung geändert d.h. die Achse dreht sich links herum. Wenn die Bananensteckerbuchse unten, wo normalerweise das Kabel angelötet wird, abgesägt wird, können wir die Achse durchstekken und den Drehteller auf der anderen Seite befestigen d.h. das Uhrwerk wird mit der Rückseite nach oben aufgestellt! Dann noch ein rundes Holzbrettchen an die 4 mm Achse geklebt, mit einer Unterlegscheibe zwischen Uhrwerksrückseite und Drehteller damit das Zahnrad unten nicht rausrutscht, etwas Unterbau damit das ganze gut steht und fertig ist die

Sonnennachführung (dreht sich in 24h einmal um die Achse wie die Erde um die Sonne, d.h. das Ladeteil ist immer genau zur Sonne ausgerichtet). Wenn die Sonne scheint einmal danach ausrichten. Mit der Batterie des Uhrwerkes läuft das Ganze 1-2 Jahre. Wer möchte, kann einen Akku ins Uhrwerk einlegen und den mit einem Minisolarmodul an der Sonne laden lassen.

Quasi als Funktionsanzeige für die Nachführung wurde der Sekundenzeiger noch auf die Sekundenachse aufgesteckt. Das obere Zahnrad an der Holzplatte dient der besseren Befestigung und Zentrierung. Die beiden Untersetzungszahnräder brauchen nur ganz leicht ineinander einzugreifen.

6.4 Laderegler für 12 Volt Bleigelakkus

Bleigelakkus sind sehr empfindlich, was Überladung anbetrifft. Daher sollte dafür ge-

Abb. 6.3.2 Nachführungsmechanik von der Seite

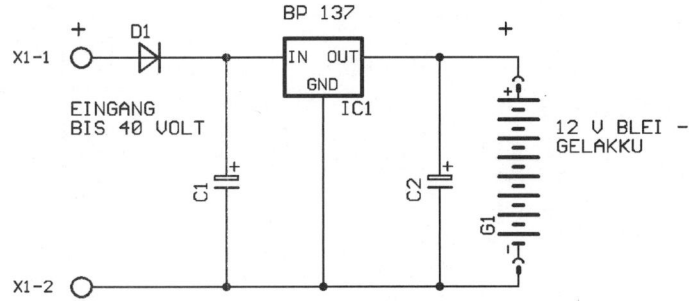

Abb. 6.4.1 Ladereglerschaltung für 12 V Bleigelakku

sorgt werden, dass die Endspannung beim 12 V Akku nicht mehr als 13,8 V beträgt. Hier nun ein einfach aufzubauender Laderegler:

Das IC PB 137, eine Schutzdiode als Verpolungsschutz und zwei Elkos.
Zur Verwendung kommen:
IC = PB 137
C1 = 1 uF, 40 V
C2 = 10 uF, 40 V
D1 = Schottkydiode, z,B. SB 550

Technische Daten des IC
Ausgangsspannung: 13,7 V
Max. Eingangsspannung: 40 V
Ladestrom max.: 1,5 A
Bei Vollast Kühlkörper verwenden!

6.5 Unterspannungs-abschaltung für 6 V und 12 V Akkus

Damit beispielsweise 12 V Blei-Akkus beim Entladen nicht zerstört werden, sollten sie ab einer Spannung von 11 V bzw. minimal 10,5 V vom Verbraucher getrennt werden. Die meisten käuflichen Solarladeregler sind daher mit einer Unterspannungsabschaltung ausgestattet. Eingebaut z.B. im Solarkoffer Typ 1.

Nachfolgend eine einfache Schaltung:
Vorteil der Schaltung ist, dass sie in Ruhestellung sehr wenig Strom verbraucht und das Relais erst anzieht, wenn die Abschaltung des Verbrauchers durch Erreichen der Unterspannungsschwelle erforderlich ist.

Die Schaltung ist mit zwei verschiedenen Spannungsbereichen realisierbar:

A. Unterspannungsabschaltung: 6 V bis 10 V
B. Unterspannungsabschaltung: 10 V bis 12 V

Zur Verwendung kommen:
C 1 = 5-10 uF 15 V
R 1 = 10 K
R 2 = Poti 10 K lin.
R 3 = 3,3 K (A) und 50 K (B)
R 4 = 100 Ohm
R 5 = 1,5 K
R 6 = 4,7 Ohm
R 7 = 330 Ohm (A), 680 Ohm (B)
D 1 = ZD 5,6 V (A) und ZD 10 V (B)
D 2 = 1N 4001

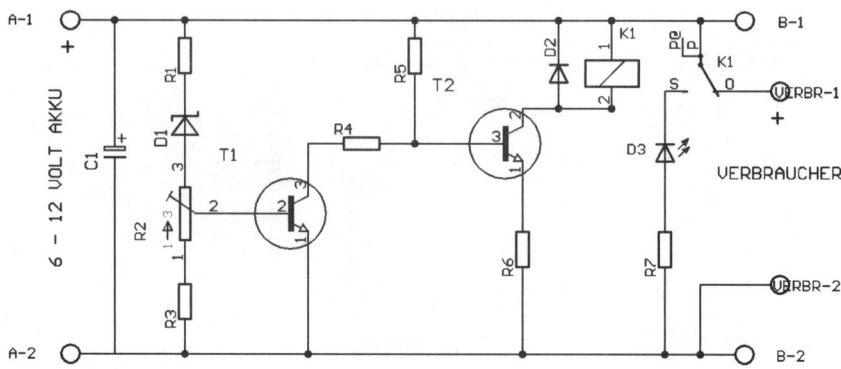

Abb. 6.5.1 Schaltplan Unterspannungsabschaltung

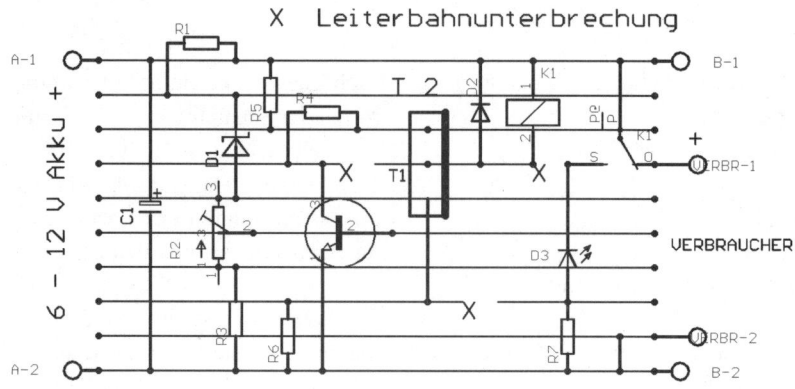

Abb. 6.5.2 Aufbau der Unterspannungsabschaltung auf einer Streifenrasterplatine

T 1 = Transistor BC 108 (Vergleichstypen siehe Anhang)

T 2 = Transistor BD 137

LED = Leuchtdiode

R = Relais 6 V (A) und 12 V (B) 1 Wechsler

Auch hier ist der Aufbau auf einer Lochrasterplatine sinnvoll und praktisch:

Die LED und der dazu erforderliche Vorwiderstand sind hier als Beispiel eingezeichnet, es könnte aber genauso ein Warnsummer sein. Die Wechsleranschlüsse des Relais sind im Platinenaufbau nicht exakt eingezeichnet, da diese je nach Relaistyp unterschiedlich angeordnet sind.

Die Schaltung wird wie folgt geeicht:

Trimmpoti in Mittelstellung bringen, regelbare Spannungsquelle auf die Abschaltspannung einstellen z.B. 10,5 Volt, mit Schraubendreher Trimmpoti Richtung Zenerdiode bringen, bis Relais gerade anzieht. Dann durch Verändern der Spannung abprüfen, ob die Schaltschwelle bei der gewählten

Spannung ist – evtl. nochmals nachjustieren.

Niedrigere Spannung d.h. zu 6 V (A) bzw. 10,5 V (B) hin, Trimmpotischleifer Richtung Zenerdiode.

Höhere Spannung d.h. zu 10 V (A) bzw. 12 V (B) hin, Trimmpotischleifer Richtung R 3.

Die Unterspannungsabschaltung ist sehr empfehlenswert bei Akkugeräten die unbeabsichtigt angelassen werden können und ideal für die im Kapitel „Zustandsanzeigen" beschriebene Kapazitätsprüfeinrichtung.

6.6 Zangenakkumessgerät de Luxe

Mit einem Zeigermessinstrument, 2-3 Dioden, einem Birnchen mit Fassung sowie 2 Blechteilen und einem Stück Pertinaxplatte, lässt sich ein praktisches Akku – und Batteriemessgerät basteln.

Zusatzeffekt – eine Falschpolung ist nicht möglich, da ja durch die Dioden das Instrument nur anzeigt, wenn der Akku polrichtig gemessen wird. Ein roter Aufkleber hilft den Akku gleich polrichtig zu prüfen. Ein Stück Fahrradschlauch hält die Polzangen für einen Dauertest am Akku. Sollte die Akkuspannung sehr schnell abfallen, ist der Akku nicht richtig vollgeladen oder kaputt.

Ein gut geladener Akku bleibt unter Last des Birnchens lange Zeit bei 1,05 – 1,1 V also etwa in der Mitte unserer Anzeige.

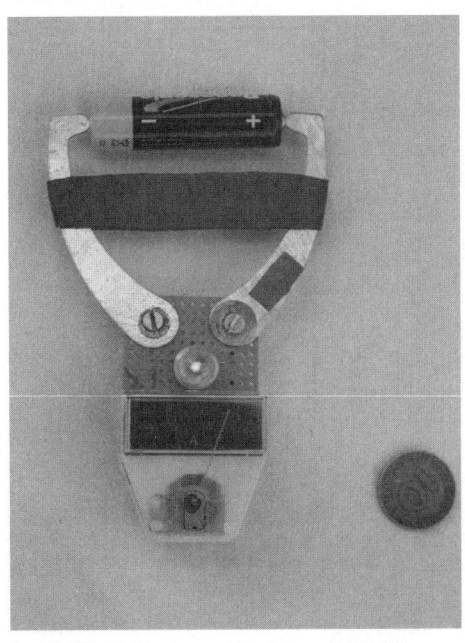

Abb. 6.6.1 Zangenakkumessgerät im Messeinsatz

Eichen wie folgt:
Voll geladenen Mignonakku und Digitalmultimeter polrichtig anschließen. Vorhandene Skala des Messinstrumentes und Werte des Digitalmultimeters bei abfallender Akkuspannung ablesen und notieren. Danach neue Skala anfertigen und in das Instrument kleben, oder ein Klebeetikett unterhalb des Meßinstrumentes anbringen wo die vorhandenen Skalenwerte und die abgelesenen notiert sind.

Im Prinzip reicht es oft auch zu sehen, wie weit der Zeiger ausschlägt und er bei Belastung konstant stehen bleibt. Wenn das Birnchen ein Stück rausgeschraubt wird und ausgeht – zeigt sich, wie schnell der Zeiger weiter ausschlägt. Da ist gut zu sehen, wie unsinnig eine Messung ohne Last ist! Bei-

73

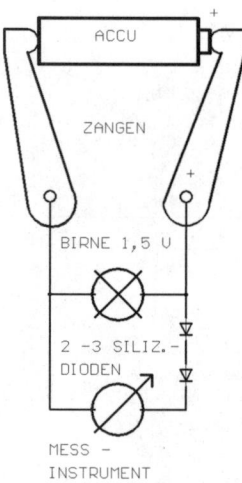

Abb. 6.6.2 Prinzipschaltbild Zangenakkumessgerät

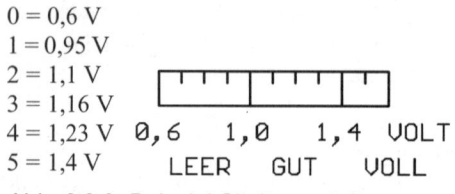

0 = 0,6 V
1 = 0,95 V
2 = 1,1 V
3 = 1,16 V
4 = 1,23 V
5 = 1,4 V

Abb. 6.6.3 Beispiel Skalengestaltung

spiel: mit Last 0,7 V, ohne Last 1,1 V.

6.7 Batterieprüfer mit LCD-Balken

Ein neueres Produkt mit einer exakten teil-
graphischen Anzeige für 0,7 bis 1,5 V und
1,8 bis 9,0 V. Das Teil lässt sich durch Vor-
schalten einer Zenerdiode z.B. auch zum Prüfen von 12 V Akkus verwenden (mit neuer
Skala).

Abb. 6.7.1 Batterieprüfer mit LCD-Balken

6.8 Ladeeinrichtung mit einem Peltier-element

Vor einiger Zeit habe ich zufällig eine sog.
Campingkühlbox auf dem Sperrmüll gefun-
den. Das Gehäuse war ziemlich unappetitlich
und auch mechanisch kaputt, sodass ich das
ganze Teil auseinandergenommen habe. Zum
Vorschein kam ein Peltierelement und ein
Lüfter.

Üblicherweise ist die Kühlbox mit einem
Umpolschalter ausgestattet, sodass sie auch
als Warmhaltebox verwendet werden kann.
Was viele nicht wissen, das Peltierelement
wandelt nicht nur Strom in Kälte/Wärme um,
sondern das Ganze geht auch umgekehrt! Das
Peltierelement über einer Wärmequelle angeordnet und mit entsprechender Kühlvorrich-
tung liefert Strom!

Ganz schnell hab ich mir ein Teil gebastelt,
das – auf einem Kaminrohr eines Holzofens
aufgesteckt – Strom liefert, um z.B. Akkus zu
laden.

Auch mit einem Teelicht lässt sich so Strom
erzeugen. Die Anordnung wurde so konstru-

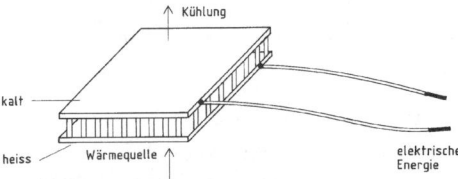

Abb. 6.8.1 Peltierelement

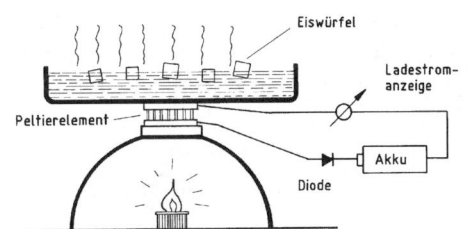

Abb. 6.8.2 Ladeeinrichtung mit Peltierelement

iert, dass unten ein Teelicht stehen kann und oben eine Verdunsterschale mit Wasser und einem Duftoel gefüllt – für die nötige Temperaturdifferenz sorgt – und auch gleichzeitig als Duftlampe arbeitet. Am besten ist es, in die Verdunsterschale Eis einzufüllen, da die Temperaturdifferenz zwischen unten und oben entscheidend ist. So z.B. an kalten lichtarmen Winterabenden an denen es das Eis draußen umsonst gibt.

Bei meinem ersten Versuch mit einer Teekerze brachte die Anordnung ab einer 10-minütlichen Aufwärmzeit einen Ladestrom von 80 mA und eine Spannung von 1,45 V, Tendenz steigend bis das Eis geschmolzen war – dann ging es wieder zurück – aber immerhin!

Das Teil auf dem Foto (Abb. 6.8.3) hab ich für den Kachelofen gebaut und zum Laden von Akkus benutzt.

Für einen richtig guten Peltiergenerator braucht es natürlich mehrere solcher Elemente. Im Prinzip könnte man die Peltierelemente selbst herstellen. Es ist zumindestens einfacher, als eine Solarzelle selbst anzufertigen.

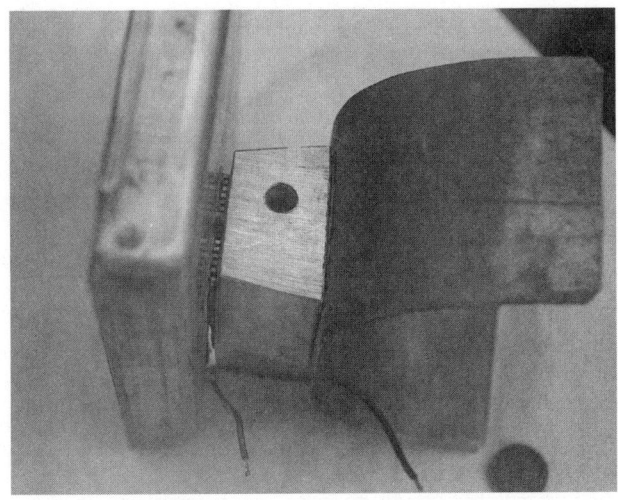

Abb. 6.8.3 Peltierelement mit Verdunsterschale, Alublock und Kupferadapter fürs Ofenrohr

6

Links im Bild ist die Verdunsterschale zu sehen, daneben, das ganz dünne mit den kleinen Querstiften, ist das Peltierelement mit den Anschlussdrähten, dann kommt weiter rechts ein dicker Alublock und das gebogene Kupferblech zum Aufstecken auf das Ofenrohr.

6.9 Anregungen zum Experimentieren mit dem Peltier/ Thermoelement

Nachfolgend einige experimentelle Aussichten und Beispiele.

Grundsätzlich geht es beim Thermoelement darum, zwei unterschiedliche Metalle zu verbinden. Durch den Spannungsunterschied fließt Strom. Je weiter die Metalle in der Reihe des Thermofaktors auseinander sind, desto größer ist der Effekt. Anbei einige Metalle sowie deren Werte:

Thermofaktor, bezogen auf Platin in mV/ 100°C (Temperaturbereich 0 – 100 °C)

Beispiel:
Konstantan – 3,5 (negativer Pol) und Messing + 1,1 (positiver Pol) ergibt 4,6 mV/100 °C

Schön wäre das Paar mit Konstantan und Silizium, für uns einfacher realisierbar sind eher Konstantan / Kupfer und Konstantan /Messing, da sie sich auch verlöten lassen.

Mit einem Konstantandraht und einem Kupferdraht, die zusammen gedrillt oder verlötet sind, können wir den Effekt selbst nachvollziehen.

Ein einzelnes Thermoelement liefert zwar nur eine sehr kleine Spannung, doch dafür verhältnismässig hohe Ströme.

Die in Abb. 6.9.1 und 6.9.2 aufgezeigte Versuchsanordnung könnt ihr ohne Probleme

METALL	THERMOFAKTOR	METALL	THERMOFAKTOR
Wismut	- 6,5	Zink	+ 0,7
Konstantan	**- 3,5**	Gold	+ 0,7
Nickel	- 1,5	**Kupfer**	**+ 0,75**
Natrium	- 0,2	Wolfram	+ 0,8
Quecksilber	0,00	Kadmium	+ 0,9
Platin	**0,00**	**Messing**	**+ 1,1**
Blei	+ 0,4	Eisen	+ 1,8
Aluminium	+ 0,4	Nickelchrom	+ 2,2
Manganin	+ 0,6	Antimon	+ 4,8
Silber	+ 0,7	**Silizium**	**+ 45,0**

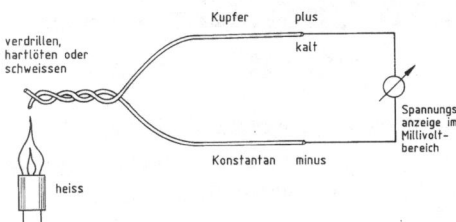

Abb. 6.9.1

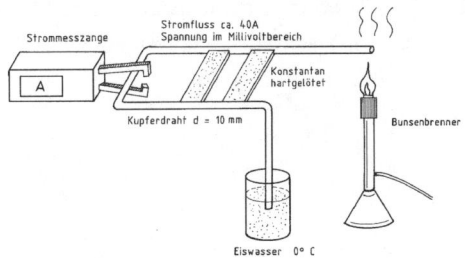

Abb. 6.9.3

6

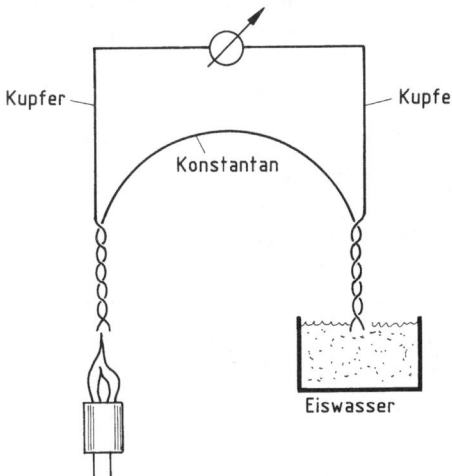

Abb. 6.9.2

Der Strom lässt sich durch die magnetische Kraft oder mit einer Strommesszange nachweisen (Abb. 6.9.4).

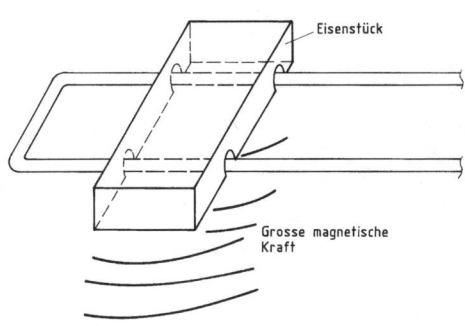

Abb. 6.9.4

nachbauen. Der Konstantandraht lässt sich von einem alten, dicken Widerstand abwickeln. Was ihr noch dazu braucht, ist ein empfindliches Messinstrument mit Anzeigebereich: Millivolt.

Die Anordnung wie in Abb. 6.9.3 mit einem 10 mm dicken Kupferdraht und dazwischen hartgelötete Konstantanstreifen bringt es immerhin zu einem Stromfluss von an die 40 Ampere – nein, kein Druckfehler!

Denkbar wäre z.B. eine Anordnung dieser Vorrichtung mit einem Parabolspiegel, zur Sonne hin ausgerichtet.

Ein Freund von mir hat mit einer Spirale abwechselnd mit Konstantan und Kupfer experimentiert, wobei die eine Seite in einem Parabolspiegel (zur Sonne ausgerichtet) und die andere in einer Wasserschale eingetaucht war.

6

Die Spirale wechselt mit jeder halben Windung in den Materialien Kupfer und Konstantan.

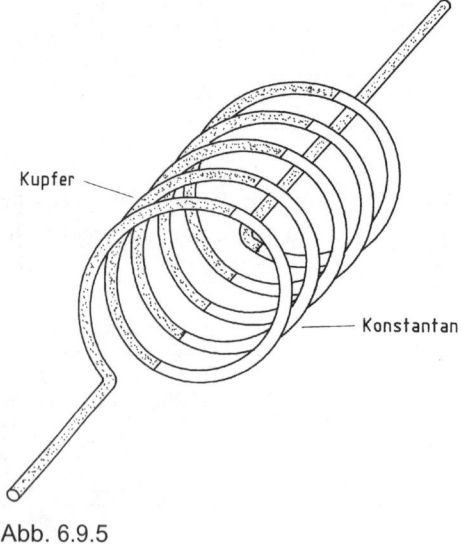

Kupfer

Konstantan

Abb. 6.9.5

6.10 Übersicht Akkutypen

Die Werte wurden ermittelt für tragbare Akkus. Die Berechnung berücksichtigt die tatsächlich entnehmbare Energiemenge, ohne dass der Akku bei der Entladung geschädigt wird bzw. die Zyklenhäufigkeit darunter leidet. Dies ist bei der wiederaufladbaren Alkali – Manganzelle ganz besonders und auch bei den Bleiakkus zu beachten.

Im Grunde ist es sehr schwierig zu pauschalieren und zu vergleichen. Abgesehen davon, dass die Parameter durch die Größe des einzelnen Akkutyps stark variieren, sind die äußeren Einflüsse sehr vielfältig wie z.B. wie weit und wie tief wurde entladen, mit welchem Strom bei welcher Temperatur usw. Dasselbe nochmals beim Laden, beim Lagern usw.

Die eigene, verantwortliche Entscheidung ist auf jeden Fall gefragt und auch die eigenen Erfahrungen!

AKKUTYPE EIGEN-SCHAFT	BLEI-SÄURE Bis Gr. 10 Ah	BLEI-GEL Bis Gr. 10 Ah	NiCd Bis Gr. 5,5 Ah	NiMh Bis Gr. 7 Ah	Alkali-Mang. wiederauflad-bar bis 8 Ah
Akkuspannung Pro Zelle	2 Volt	2 Volt	1,2 Volt	1,2 Volt	1,5 Volt
Ladeendspannung	2,35 Volt	2,3 Volt	1,52 Volt	?	1,65 Volt
Wirkungsgrad	80 %	80 %	65 %	?	?
Selbstentladungsrate 21°C / Monat	12-15 %	2-5 %	Ca. 20 %	20-25 %	Ca 0,2 %
Stromfähigkeit über Nennkapazität	Sehr gut	Sehr gut	Sehr gut	Nicht gut	Nicht gut
Ladezyklen	200 bis über 500	200 bis über 500	500 bis über 1000	100 bis über 500	25 bis über 100
Kapazität bezogen auf 100 Gramm	1,90-2,95 Wh	1,70-2,45 Wh	2,0-3,75 Wh	3,5-5,5 Wh	4,5-5,6 Wh
Kapazität bezogen auf Blei-Säure	100 %	86 %	118 %	185 %	208 %
Ladeart Mindestanforderung	Spannungsbegrenzung	Spannungsbegrenzung	Strom- Begrenzung	Impulsladung	Spannungsbegrenzung
Temperatur Eigenschaft kalt	Proble-matisch	gut	Sehr gut	?	Problematisch
Temperatur Eigenschaft warm	gut	gut	Proble-matisch	?	Sehr gut
Mitweltverträglichkeit	Wenn recycelt gut	Probl. bis gut	Sehr proble-mat.	Sehr gut	Sehr gut
Entladetiefe	0,7	0,7	0,9	0,9	Max. 0,5
Solar ladefähigkeit	gut	Sehr gut	gut	Problemat.	Sehr gut
Memory-Effekt	keiner	keiner	ja	gering	keiner

7 Solaranwendung im Direktbetrieb

Bisher wurden die Anwendungen mit Solarladung immer in Verbindung mit einem Energiespeicher wie Akku oder Gold Cap beschrieben. Besonders praktisch ist es, wenn der Energiespeicher entfallen kann.

Ein Beispiel: der Solarventilator. Ein ganz einfaches und sehr praktisches Prinzip. Immer wenn es heiß ist und die Sonne scheint, gibt es auch viel Strom von der Solarzelle, um den Ventilatormotor anzutreiben.

7.1 Solarventilator

Der Solarventilator besteht aus einer oder mehreren Solarzellen einem Kleinmotor und einem Ventilatorflügel. Entscheidend für den Wirkungsgrad ist vor allem der Kleinmotor:

Im Handel gibt es spezielle Solarmotoren die sich durch niedrige Anlaufspannung (0,3 V) und niedrigen Anlaufstrom (30 – 50 mA) auszeichnen.

Ganz besonders effektiv sind die Glockenankermotoren mit eisenlosem Rotor und freitragender Wicklung. Dadurch ergibt sich ein geringes Massenträgheitsmoment. Anlaufspannungen von 0,1 Volt und Leerlaufströme von ab 1mA sowie hoher Wirkungsgrad von bis zu 90 % sind die weiteren Vorteile. (Liefernachweis : Fa. Lemo – Solar im Anhang).

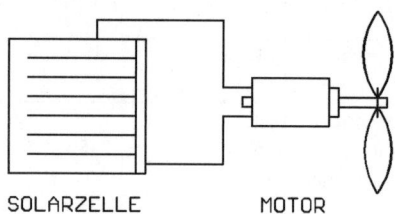

SOLARZELLE   MOTOR

Abb. 7.1.1 Prinzipschaltbild Solarventilator

Der Ventilatorflügel kann aus dünnem Alublech ausgeschnitten und auf die Motorachse mit Zweikomponenten Kleber befestigt werden, wichtig ist dabei eine gewichtsmäßige Symmetrie, um keine Unwucht zu erhalten. Beim Anschließen die Drehrichtung beachten, damit der Propeller den Wind in die richtige Richtung bringt.

Der Solarventilator eignet sich z.B. total gut in einem Gewächshaus zur Luftumwälzung und für all die anderen energieautarken Ent- und- Belüftungsmaßnahmen im Wochenendhaus, Wohnwagen und Garten.

7.2 Solarpumpe

Das gleiche Prinzip ergibt sich auch bei einer kleinen Pumpe. Die Solarzellen müssen nur so dimensioniert werden, dass die Solarzelle genügend Strom zur Überwindung des Anlaufwiderstandes der Pumpe und damit des

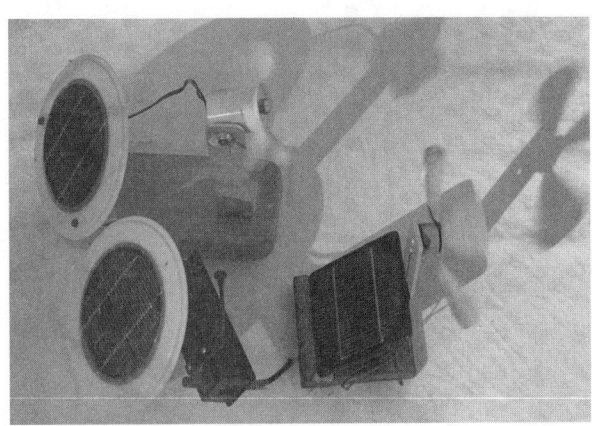

Im Bild sind zu sehen, links oben ein Solarventilator aus Restpostenmaterial, links unten, eine Restpostensolarzelle mit einer Kolbenpumpe kombiniert und rechts ein Solarventilator mit einer 10 x 10 cm monokristallinen Solarzelle und einem Solarmotor mit selbst angefertigtem Alupropeller.

Abb. 7.2.1 Solarventilatoren und Pumpe

Anlaufdrehmomentes des Motors liefern kann.

Hier ist die Kopplung ein bisschen schwieriger. Eine Möglichkeit ist die Verwendung einer kleinen Kolbenpumpe und der Antrieb mittels eines Exzenters, der über ein Untersetzungsgetriebe auf die Motorachse montiert wird. Eine andere Möglichkeit sind Membranpumpen oder die Kopplung mit Magne-

ten. Die eigentliche Pumpe ist dabei in einem wasserdichten Gehäuse, versehen mit zwei Magneten – der Motor befindet sich außerhalb des Gehäuses mit magnetisch anders herum gepolten Magneten.

Solarpumpen sind gut geeignet für all die Bewässerungsaufgaben im Garten, für Teichbelüftung, Springbrunnen und Umwälzeinrichtungen.

Verwendete Bauelemente

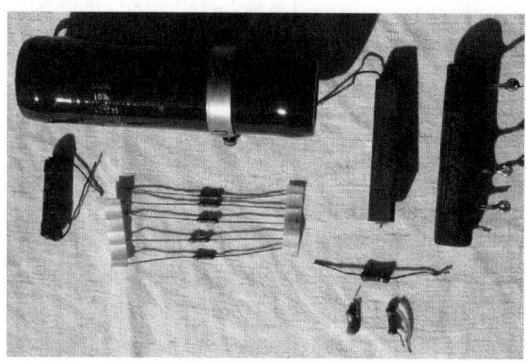

Abb. 8.1 Widerstände

Widerstandswert	1. Farbring	2. Farbring	3. Farbring	4. Farbring = Toleranz
0,1 Ohm	braun	schwarz	silber	silber 10% gold 5%
0,22 Ohm	rot	rot	silber	
1 Ohm	braun	schwarz	gold	
1,5 Ohm	braun	grün	gold	
2,2 Ohm	rot	rot	gold	
150 Ohm	braun	grün	braun	
390 Ohm	orange	weis	braun	
470 Ohm	gelb	violett	braun	
1K (Kilo-Ohm)	braun	schwarz	rot	
1,2 K	braun	rot	rot	
2,7 K	rot	violett	rot	
4,7 K	gelb	violett	rot	
5,6 K	grün	blau	rot	
8,2 K	grau	rot	rot	
10 K	braun	schwarz	orange	
33 k	orange	orange	orange	
100 K	braun	schwarz	gelb	

Widerstände

In den Schaltungen mit R bezeichnet. In der Regel sind es vier Farbringe, die den Widerstandswert angeben. Der erste und zweite geben den Wert in 0-9, der dritte den Multiplikationsfaktor und der vierte die Toleranz des Widerstandes an. Die Fertigungstoleranz ist für unsere Bastelwerke mit Silber = 10 % und Gold = 5 % gut und ausreichend. In der Praxis ist es sinnvoll, den Farbcodeschlüssel mit einem Vitrohmeter oder einer sog. Widerstandsuhr zu ermitteln. Das ist ein Pappteil für 2,50 DM mit drei oder vier Rädchen, an dem die Farben eingestellt werden können und der dazugehörende Wert angezeigt wird.

Nachfolgend die Farbcodes für die im Buch verwendeten Widerstände:

Potentiometer, kurz auch Poti

Der Poti ist ein stufenlos veränderbarer Widerstand, mit Alu- oder Kunststoffachse, die auch entsprechend unseren Erfordernissen abgesägt werden kann.

Abb. 8.2

Trimmpotis lassen sich mit dem Schraubendreher einstellen und werden für Justierungen, z.B. für die Messeinrichtungen verwendet.

Kondensatoren

In den Schaltungen mit C angegeben. Die Werte sind meist durch Aufdruck angegeben, selten auch durch Farbringe.

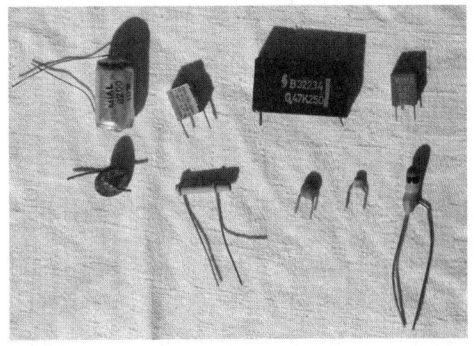

Abb. 8.3

Beispiel für den Aufdruck:
Des weiteren ist die Spannungsfestigkeit aufgedruckt, sie sollte ca. 20% über der Betriebsspannung liegen.

8

Aufdruck	Angabe in uF (micro- Farad)	mal 1000 = nF (nano-Farad)	mal 1000 = pF (pico-Farad)
n22		0,22 nF	220 pF
2n2		2,2 nF	
0,01	0,01 uF	10 nF	10.000 pF
0,022	0,022 uF	22 nF	
0,047	0,047 uF	47 nF	
0,068	0,068 uF	68 nF	
0,22	0,22 uF	220 nF	
0,47	0,47 uF	470 nF	
0,68	0,68 uF	680 nF	680.000 pF

Elektrolytkondensatoren, kurz Elko

In der Schaltung auch mit C angegeben. Wert durch Aufdruck. Zu beachten ist hier die Polung, meist angegeben durch Pfeil und Minus –Symbol, bei liegender Ausführung durch eine Einkerbung beim Pluspol und bei Tantalelkos durch + Zeichen und längerem Anschlussdraht beim Pluspol.

Auch hier sollte die Spannungsangabe 20% über der Betriebsspannung liegen.

Gold-Caps

Kondensatoren mit sehr hoher Kapazität. Aufdruck wie bei den Elkos, Werte im Handel von 0,1 uF bis 50 F !! (Farad), Spannungsbereich jedoch nur von ca. 2 V-5,5 V. Eignen sich hervorragend als Pufferelement im Solarbereich und zwar dort, wo niedrige Verbrauchsströme zu erwarten sind – benötigt keinerlei Laderegelung, da der Gold–Cap nicht überladen werden kann und den Ladestrom automatisch durch seinen internen Widerstand begrenzt, auch Tiefentladung und Kurzschluss sind unproblematisch.

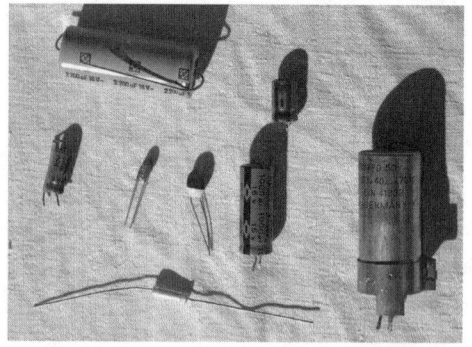

Abb. 8.4

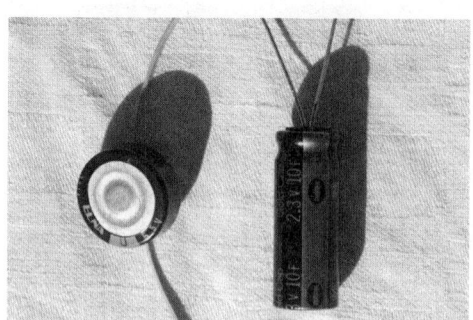

Abb. 8.5

Die als Aufdruck angegebene Spannung darf allerdings nicht überschritten werden! Es ist aber problemlos Reihen- und Parallelschaltung möglich.

Die Teile werden z.B. in Solaruhren, Programmspeichern und solarbetriebenen Messgeräten verwendet – in Japan läuft sogar ein Versuchsbus damit!

Leider zur Zeit noch um einiges teurer als ein Akku mit gleicher Kapazität, dafür aber von der Lebensdauer her unschlagbar.

Dioden

In der Schaltung mit D angegeben. Aufdruck der Typenbezeichnung, damit können anhand der Listen die Werte für den max. zulässigen Strom und die Spannung ermittelt werden. Es gibt verschiedene Arten von Dioden, z.B. Silizium- und Germaniumdioden und andere, die sich in den charakteristischen Eigenschaften unterscheiden.

Dioden arbeiten im Prinzip wie ein Ventil, sie lassen den Strom in der einen Richtung durch und in der anderen Richtung sperren sie.

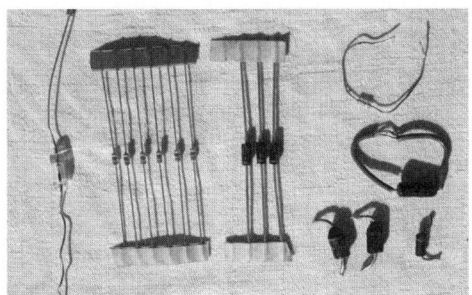

Abb. 8.6

Für die Schalt- und Messmethoden, wie sie in diesem Buch beschrieben sind, verwenden wir die Siliziumdiode. In der Durchlassrichtung beträgt die Schwellenspannung der Siliziumdiode 0,6 – 0,7 Volt, d.h. wenn wir die Eingangsspannung und die Ausgangsspannung der Diode messen, kommt 0,6 V weniger raus.

Die beiden Anschlussseiten werden im Schaltbild Anode (beim Pfeil) und Kathode (beim Querstrich) genannt. Der Kathodenanschluss ist am Gehäuse der Diode durch einen Ring oder ein Farbring markiert. Fehlt ein Hinweis auf die Durchlassrichtung, so können wir diese mit einem Durchgangsprüfer ermitteln (siehe am Anfang des Buches: Prüfen von Dioden).

Schottkydioden

Schottkydioden unterscheiden sich nicht in Gehäuseart, Aufdrucksart, Markierung und Symbol von den oben beschriebenen Dioden, aber in den Eigenschaften.

Die Durchlass- bzw. Schwellspannung beträgt nämlich nur 0,3 Volt. Daher sind sie für Solaranwendung besser geeignet als die Siliziumdiode da mindestens 0,3 V mehr hinten rauskommen!

Das heißt, überall dort, wo es auf jedes bisschen der Energie ankommt, ist die Schottkydiode sehr willkommen.

Leuchtdioden, kurz LED

In der Schaltung mit LED bezeichnet. Anschlussdrähte sind Anode und Kathode, die

8

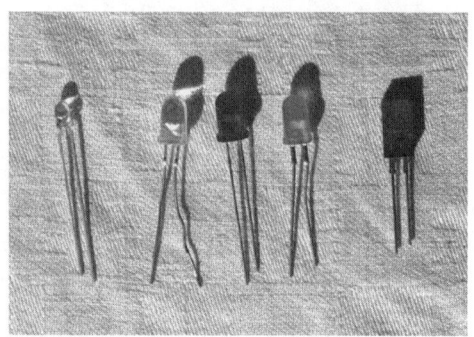

Abb. 8.7

Kathode ist an einem kürzeren Anschlussdraht und einem sichtbar größeren Dreieck in der Leuchtdiode zu erkennen.

Die Werte für die Spannung liegen bei 1,4 bis 2,0 Volt (rote LED) und 1,8 bis3,4 Volt (gelbe –grüne LEDs) und der Stromverbrauch bei 2 mA bis 30 mA je nachdem ob es sich um eine sog. Low current LED (niedriger Strom) oder um eine ordinäre Leuchtdiode handelt.

Die Leuchtdioden gibt es in unterschiedlichen Farben wie beispielsweise rot, gelb, grün und inzwischen gibt es sogar blaue LEDs. Es gibt auch Duo – LEDs mit drei Anschlüssen und mehreren Farben in einer LED und noch viele andere Arten von LEDs.

Beim Experimentieren mit der LED muss darauf geachtet werden, daß sie zum einen beim Einlöten sehr hitzeempfindlich ist, zum anderen, dass sie immer mit einem Vorwiderstand betrieben werden sollte, sobald die Spannung höher als 2,4 V ist.

Zenerdioden

In der Schaltung mit D angegeben. Der Aufdruck auf dem Gehäuse gibt die Sperrspannung an und die Ringmarkierung ist wie bei den Dioden. Zenerdioden sperren ab der angegebenen Spannung, wenn sie entgegen der Stromflussrichtung verwendet werden. Je nach Leistungsklasse gibt es verschiedene Typen z.B. für 0,5 W, 1,0 W, 10 W usw. Im Buch werden Zenerdioden in Verbindung mit Messinstrumenten und Spannungsbegrenzung beim Laden, verwendet.

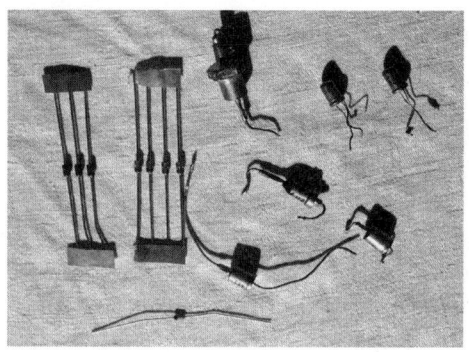

Abb. 8.8

Transistoren

In der Schaltung mit T bezeichnet. Aufdruck der Typenbezeichnung, damit können in den Listen die Daten herausgelesen werden. Grundsätzlich werden PNP und NPN Typen unterschieden. Die drei Anschlüsse werden mit Kollektor, Basis und Emitter bezeichnet. Bei PNP Typen liegt der Emitter an +, bei NPN Typen der Emitter an -. Der kleinere Basisstrom beeinflusst den größeren Stromfluss vom Emitter zum Kollektor bzw. beim NPN vom Kollektor zum Emitter. Je nach Vorgaben an den zu re-

Abb. 8.9

gelnden Strom gibt es kleinere Transistoren bis hin zu dicken Leistungsbrummern. Auch unterscheiden sich die Typen hinsichtlich Verstärkungsfaktor und Spannungsbereich.

Integrierte Schaltkreise, kurz IC

In der Schaltung als IC bezeichnet. Typenbezeichnung auf dem Gehäuse, das in entsprechenden Listen Auskunft über die Eigenschaften und Leistungsdaten gibt. In integrierten Schaltkreisen sind komplette Schaltungsteile auf kleinstem Raum zusammengefasst. Es gibt unzählige Typen von ICs und damit auch unzählig viele verschiedene Gehäuseausbildungen und Anschlussbelegungen. Grundsätzliches Prinzip: Die erste oder letzte Ziffer der Pins ist mit einer Markierung oder Kerbe versehen und die Zählrichtung ist – von unten auf die Beinchen gesehen – im Uhrzeigersinn.

Solarzellen

Die im Handel erhältlichen Solarzellen lassen sich in drei Hauptgruppen unterteilen:

Amorphe Solarzellen, meist rötlich homogen schimmernde Solarzellenfläche, zu finden in Taschenrechnern, Solaruhren und Messeinrichtungen. Einfachere Herstellung im Vergleich zu den zwei anderen Typen. Direktes Aufdampfen auf Trägermaterial wie z.B. Glas und Kunststoff.

Guter Wirkungsgrad auch bei diffusem Licht. Gesamtwirkungsgrad liegt unter dem von den poly- und monokristallinen Zellen bei ca. 10%.

Leistungsfähigkeit nimmt im Laufe der Jahre ab – Haltbarkeit und Leistungsgarantie 5-10 Jahre. Aufgrund des geringeren Wirkungsgrades sind größere Einzelmodule erforderlich. Meist intern auf Betriebsspannung verschaltet.

Abb. 8.10

Abb. 8.11 Amorphes Solar Modul

Fertig konfektionierte Einheiten sind preiswert und für Bastelzwecke geeignet, vor allem als Restpostenangebote. Unter Umständen schwierig anzulöten (etwas Silberlack auf die Kontaktstelle hilft).

Energieamortisation, d.h. der Zeitraum, bis die zur Herstellung aufgewendete Energie wieder von der Sonne geerntet wurde, liegt unter einem Jahr.

Poly- oder multikristalline Solarzellen, bläulich, glimmerig mit willkürlichen Kristallstrukturen in den unterschiedlichsten Richtungen. Weitverbreiteste Zellenart, da vom Preis/Leistungsverhältnis am günstigsten. Herstellung aufwendiger als amorphe Zellen. Gießen in rechteckige Blöcke, die in 0,4-0,5 mm dicke Scheiben zersägt werden, auf der Oberfläche dotiert, d.h. gezielt verun-

reinigt werden, um die negative Schicht zu erhalten. Dann bedarf es noch der Leiterbahnen zur Abnahme des Stromes.

Wirkungsgrad ca. 11-15 %. Haltbarkeit über 30 Jahre, Leistungsgarantie 20-30 Jahre. Energieamortisation 1-5 Jahre.

Monokristalline Solarzellen, bläulich, homogen, die Kristalle liegen im Bereich von Tausendstel Millimetern und sind mit dem bloßen Auge nicht zu erkennen. Herstellung aufwendig, z.B. Tiegelziehverfahren mit inzwischen quadratischen Stangen (früher rund) dann weiter mit dem Zersägen usw. wie bei den polykristallinen Zellen. Haltbarkeit und Leistungsgarantie wie bei polykristallinen Zellen. Wirkungsgrad 13,5-18 %. Energieamortisation 2-8 Jahre.

Länge mm	Breite mm	Fläche cm²	U-Pmax V	I-Pmax mA	P-max mW	Wirkungsgrad	Art
9,6	6,5		0,46	14	6	10%	p
9,6	8,8		0,46	19	8	10%	p
20	10		0,46	49	22	11%	p
25	12,5		0,46	78	340	11%	p
40	20		0,5	240		Mf	m
50	25		0,46	328	148	11,8	p
51	25	12,7	0,5	420	210	16%	m
50	50		0,46	652	300	12%	p
50	50		0,5	500		Mf	m
51	51	26	0,5	840	420	16%	m
103	25	26	0,5	840	420	16%	m
100	50		0,5	950		Mf	m
103	51	52,6	0,5	1680	840	16%	m
100	100		0,46	2820	1300	13%	p
100	100		0,5	1800		Mf	m
103	103	106	0,5	3360	1680	16%	m

Abmessungen und Leistungsmerkmale von im Handel erhältlichen poly- und monokristallinen Solarzellen (Kyocera, Siemens usw.).

Liefernachweise siehe im Anhang.

Standardmessbedingungen: 1000 Watt/m²

U-Pmax = Spannung bei maximaler Leistung
I-Pmax = Strom bei maximaler Leistung
P-max = maximale Leistung
Art = p = Polykristallin / m = Monokristallin

Mf = mit leichten Fertigungsfehlern (billiger, da Restposten)

Darüberhinaus gibt es noch eine Reihe von Entwicklungen wie beispielsweise

Galium-Arsenidzellen, Tandemzellen, die Graezelzelle und noch einige andere, die entweder sehr teuer oder von der Praxistauglichkeit für unsere Basteleien nicht brauchbar sind.

8

Anschlussbilder und Vergleichstypen einiger gebräuchlicher Dioden, Transistoren und ICs

Diodentyp	Bezeichnung	Vergleichstypen	Bis Spannung	Bis Strom/Leistung
Silizium	1 N 4148		100 V	100mA / 500 mW
Silizium	1 N 4001	Alle der Reihe 4000	50 V	1 A
Silizium	1 N 5400	Alle der Reihe 5400	50 V	3 A
Silizium	BY 550 – 50	Alle der Reihe 550 -	50 V	5 A
Schottky	BAT 43	BAT 41, BAT 46	30 V	100 mA (0,1 A)
Schottky	SB 130	DQ 10 , 1 N5817	30 V	1 A
Schottky	SB 530	SB 550 , SB 560	50 V	5 A
Schottky	MBR 1645		45 V	16 A
Germanium	OA 182		80 V	150 mA

Dioden

Grundsätzlich können immer stärkere Typen für schwächere verwendet werden.

Transistortyp	Bezeichnung	Vergleichstypen	bis Spannung ca. für A-Typ	bis Strom ca. für A-Typ/P tot
NPN	BC 237, BC 238 BC 239	BC 107, BC 108 BC 109 ,BC 147 BC 148 BC 149 BC 547 ,BC 548 BC 549	30 –50 V	100 mA/220 mW
NPN	BC 141			
PNP	BC 177 , BC178 BC179	BC 557 , BC558 BC 559 , BC 307 BC 308, BC 309 BC 251 , BC 252 BC 253	25-50 V	100 mA / 300 mW
PNP	BD 138	BD 136, BD 140	45 – 80 V	1,5 A / 6,5 W
NPN	BD 137	BD 135, BD 139	45 – 80 V	1,5 A / 6,5 W
NPN	2 N 3055		60 V	15 A / 115 W

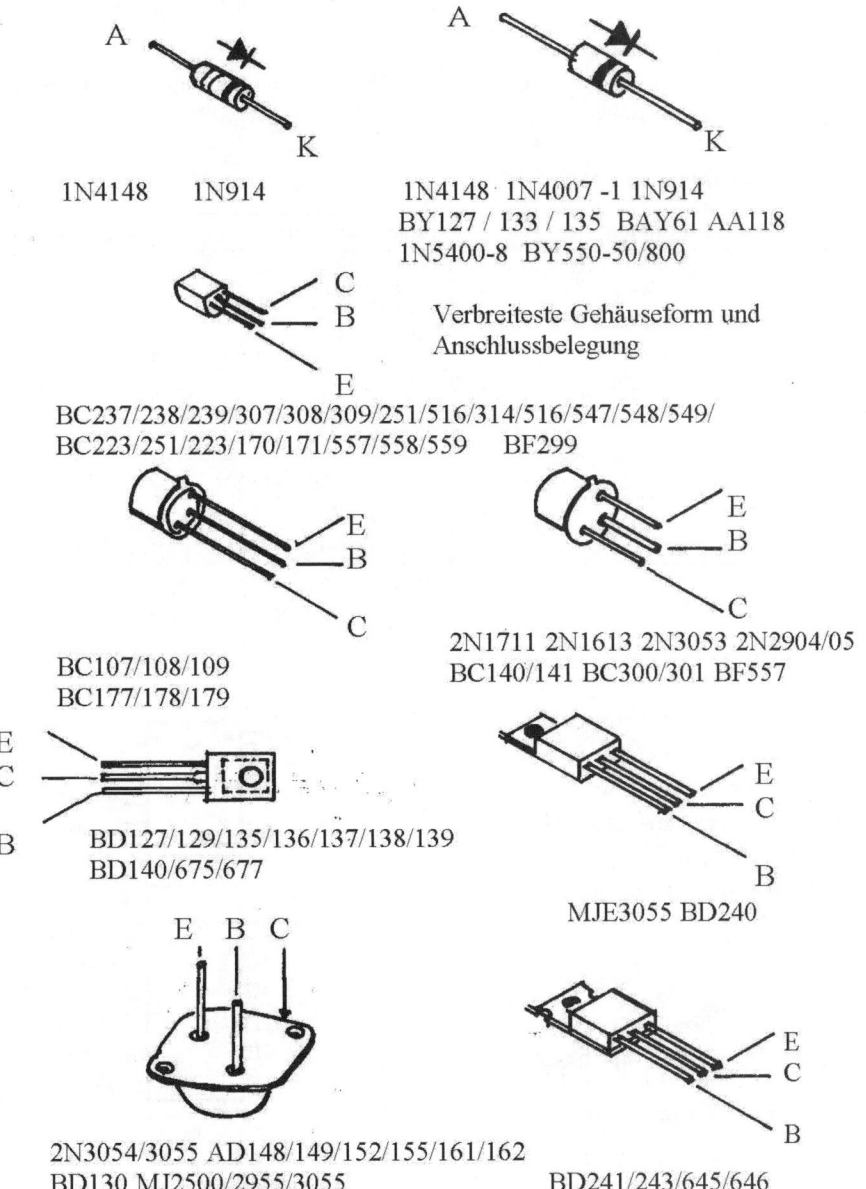

A ◄ K   1N4148   1N914

A ◄ K

1N4148 1N4007 -1 1N914
BY127 / 133 / 135 BAY61 AA118
1N5400-8 BY550-50/800

C
B
E

Verbreiteste Gehäuseform und
Anschlussbelegung

BC237/238/239/307/308/309/251/516/314/516/547/548/549/
BC223/251/223/170/171/557/558/559   BF299

E
B
C

BC107/108/109
BC177/178/179

E
B
C

2N1711 2N1613 2N3053 2N2904/05
BC140/141 BC300/301 BF557

E
C
B

BD127/129/135/136/137/138/139
BD140/675/677

E
C
B

MJE3055 BD240

E B C

2N3054/3055 AD148/149/152/155/161/162
BD130 MJ2500/2955/3055

E
C
B

BD241/243/645/646

Abb. 9.1 Anschlussbilder Dioden und Transistoren

9

Transistoren

Die A-, B- und C-Typen unterscheiden sich dadurch, dass der C-Typ leistungsstärker ist als der B-Typ bzw. der A-Typ.

Beispiel BC 237 B...... BC 237 C.

P tot ist die Leistung bzw. Belastung, bei dem der Transistor kaputt geht!

Integrierte Schaltkreise

Bezeichnung	Vergleichstyp	Verwendung für :	Anschlussbild
LM 741	uA 741 , MC 741, SN 42741	Temperaturschalter Regelbare Spannungs- Stromquelle	A
BTS 629 A		12 V Dimmer	D
PB 137		Laderegler für 12 V Gel-Akkus	B
L 200		Regelbare Spannungs- Stromquelle	C
L 317	L317 T	Spannungsregler variabel	B
L 7805 CT Bis 7824 CT		Spannungsregler fest: 1 A; 5, 6, 8, 9, 12, 15, 18, 24 V	B

Das IC gibt es in den unterschiedlichsten Ausführungen, was das Gehäuse anbelangt. Es ist aber eine total preiswerte und vielseitig einsetzbare Schaltung, sowohl als Verstärkerkomponente wie auch für die unterschiedlichsten Schalt – und Regelanwendungen.

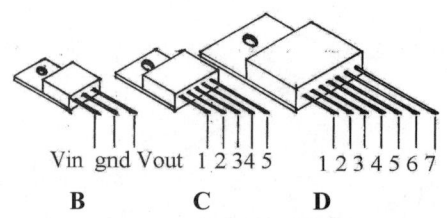

Vin gnd Vout 1 2 34 5   1 2 3 4 5 6 7

B   C   D

Abb. 9.2 Anschlußbilder Spannungsregler

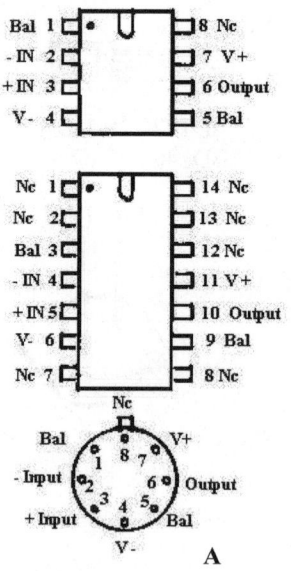

Abb. 9.3 Anschlußbild LM 741

Literaturverzeichnis

Ergänzende Literatur zum Thema:

Praxis mit Solarzellen, Urs Muntwyler, Franzis

Transistor Vergleichs Handbuch, S. Negsseog, Verlag für technische Literatur Conrad

IC Vergleichs Handbuch, S. Negsseog, Verlag für technische Literatur Conrad

So steigen sie erfolgreich in die Elektronik ein, Bo Hanus, Franzis

Lieferhinweise

Conrad elektronic GmbH Klaus – Conrad – Str. 1 92240 Hirschau Tel. 09604 /408988
Sonderliste!

Lemo –Solar Lehnert Modellbau Solartechnik GmbH Postfach 1231 74899 Bad Rappenau Tel 07264 /4248
Solar – Minimodul, Solarzellen (auch Restposten)

Pollin electronic GmbH Postfach 28 85102 Pförring Tel 08403 /920-920
Sonderliste! (Restposten)

Fa. AccuCell – Deutschland Wilhelmstrasse 36 73650 Winterbach Tel. 07181/46341
Wiederaufladbare Alkali – Manganbatterien

Sachverzeichnis